ABSTECKUNGSTAFELN FÜR EISENBAHN- UND STRASSENBAU

KREIS- UND ÜBERGANGSBOGEN

VON

ROBERT FINDEIS
O. PROFESSOR AN DER TECHNISCHEN HOCHSCHULE IN WIEN

MIT 6 TEXTABBILDUNGEN

WIEN
SPRINGER-VERLAG
1946

ISBN-13: 978-3-211-80020-1 e-ISBN-13: 978-3-7091-7698-6
DOI: 10.1007/978-3-7091-7698-6

Vorwort

Der Anlaß zur Herausgabe dieser Absteckungstafeln liegt zunächst in dem gegenwärtigen, durch die Kriegsfolgen bedingten Mangel an derartigen Behelfen, sowie in dem Bestreben, hinsichtlich der zu verwendenden Übergangsbogen ein noch nicht allgemein genug bekanntes Verfahren anzugeben, welches bei augenscheinlicher Einfachheit trotzdem mit praktischer Genauigkeit frei von den der als Übergangslinie verwendeten kubischen Parabel angelasteten Unstimmigkeiten ist.

Die von mir vorgeschlagene Kurve besteht aus zwei in der Übergangsmitte zusammenstoßenden Ästen, von denen der eine aus der Geraden als Bezugslinie durch Verkrümmung nach demselben mathematischen Gesetz abgeleitet ist, wie der zweite aus dem reinen Kreisbogen durch Entkrümmung. Die so gefundene Linie liegt somit krümmungsmäßig an ihrem Anfang zur Geraden ebenso wie an ihrem Ende zum Kreisbogen.

Im übrigen berücksichtigt dieser Behelf die in gebirgigen Ländern bestehenden Verhältnisse und läßt die hier nicht gebräuchliche Absteckung „von der Kreissehne aus“ zwecks Raumersparnis weg.

In besonders dankenswerter Weise hat der Verlag trotz der schwierigen Verhältnisse den Druck in gewohnt vollkommener Ausstattung durchgeführt.

Wien, im August 1946.

R. Findeis

Inhaltsverzeichnis

1. Übergangsbogen.

Die Übergangslinie soll den Krümmungsverlauf von der Geraden mit der Krümmung

$$^1/\rho = \frac{1}{\infty} = 0$$

bis zum Kreisbogen mit der konstanten Krümmung

$$^1/\rho = \frac{1}{R}$$

derart vermitteln, daß eine stetige lineare Zunahme mit fortschreitender Fahrbahnlänge x bis zu ihrem Endwert l erfolgt (Abb. 1):

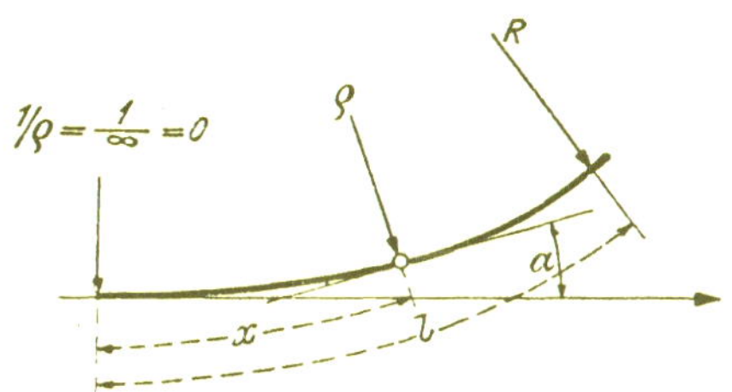

Abb. 1.

$$^1/\rho : x = \frac{1}{R} : l \text{ (Abb. 2a)}$$

$$^1/\rho = \frac{x}{R \cdot l},$$

Wählt man R . l = K, d. i. eine für größere Linienabschnitte gleichbleibende „Kennziffer" der Übergangslinie, dann ist

$$^1/\rho = \frac{x}{K} \quad \ldots \quad 1) \text{ Krümmungsbild.}$$

Der Krümmungshalbmesser einer ebenen Kurve ist

$$\rho = \frac{\left(1 + y'^2\right)^{3/2}}{y''}$$

In dem Bereich, wo

$$y' = \frac{dy}{dx} = \operatorname{tg} \alpha \doteq 0$$

näherungsweise gleich 0 gesetzt und daher vernachlässigt werden kann (bis $\alpha = 5^0$, $\operatorname{tg} \alpha = 0{\cdot}0875$), gilt

$$\rho = \frac{1}{y''}$$

$$1/\rho = y'' \quad \ldots 2)$$

$$\operatorname{tg} \alpha = y' = \int 1/\rho \,.\, dx$$

$$y = \iint 1/\rho \,.\, dx \quad \ldots 3)$$

Somit

$$\widehat{\alpha} = \operatorname{tg} \alpha = y' = \int_0^{l/2} \frac{x}{K} dx$$

$$\widehat{\alpha} = \frac{x^2}{2K} \ldots \text{für } x = 0 \text{ bis } l/2 \quad \ldots 4)$$ Richtungsbild (Abb. 2b)

$$y = \int_0^{l/2} \frac{x^2}{2K} dx$$

$$y = \frac{x^3}{6K} \ldots \text{für } x = 0 \text{ bis } l/2 \quad \ldots 5)$$ Übergangslinie

Für

$$x = l/2 \ldots y_{l/2} = \frac{l^3}{48K} = \frac{l^2}{48R}$$

Die Integration wird zunächst nur für den Bereich $x = 0$ bis $l/2$ durchgeführt, weil hier die Voraussetzung $y' \doteq 0$ noch zutrifft.

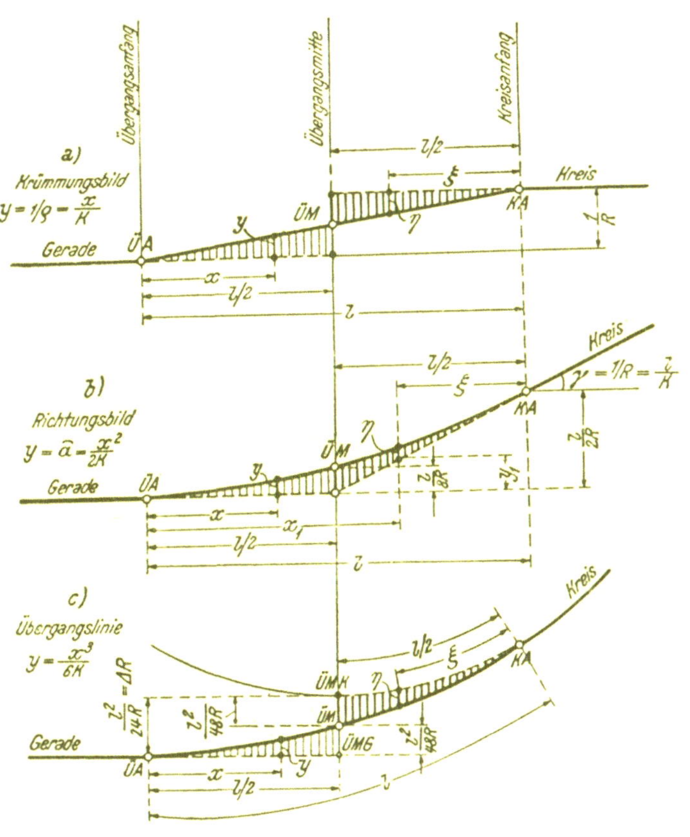

Abb. 2.

$$y_1 = \frac{x_1^2}{2\,K} - \left(x_1 - \frac{l}{2}\right) \cdot \frac{l}{K} \qquad \text{(Zu Abb. 2b)}$$

$$= \frac{x_1^2}{2\,K} - \frac{x_1\,l}{K} + \frac{l^2}{2\,K}$$

$$= \frac{1}{2\,K}\left(x_1^2 - 2\,x_1\,l + l^2\right) = \frac{1}{2\,K} \cdot (l - x_1)^2$$

Da $\qquad (l - x_1) = \xi \;\ldots\; y_1 = \frac{1}{2\,K}\,\xi^2$

ÜA . . . . . Übergangs-Anfang
ÜM . . . . . Übergangs-Mitte
ÜMK . . . . Übergangs-Mitte im Kreis
ÜMG . . . . „ „ in der Geraden
KA . . . . . Kreisanfang
BM . . . . . (Kreis)-Bogen-Mitte
KE . . . . . Kreis-Ende
ÜE . . . . . Übergangs-Ende

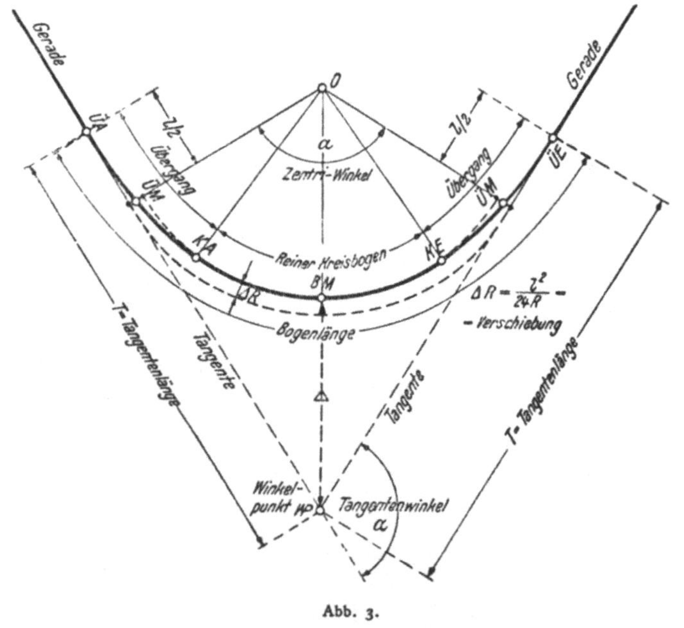

Abb. 3.

l = Übergangslänge
ÜA-ÜE = Bogenlänge = B
ÜM-ÜM = Kreislänge = Kl
$\triangle$ R = Verschiebung des Kreises nach innen.
WP-BM = $\triangle$ = Scheitelabstand
B = Kl + 2 . $l/_2$ = Kl + l

zu Abb. 2:

In der linken Hälfte ist die Ableitung der Übergangslinie (für $x = 0$ bis $l/_2$) aus der als *Bezugslinie* angenommenen *Geraden* erfolgt.

Da in der rechten Hälfte die spiegelbildliche Gleichheit im Krümmungsbild (Abb. 2a) zu ersehen ist, kann hier durch analoge Ableitung aus dem als Bezugslinie angenommenen *Kreis* die Übergangslinie für $x = l/_2$ bis l erfolgen.

Es wird somit folgerichtig

a) die *Gerade* auf eine Länge gleich $l/_2$ nach demselben Gesetz $\left(y = \frac{x^3}{6\,K}\right)$ *verkrümmt*, wie

b) der *Kreisbogen* auf eine Länge $l/_2$ (aber von KA gezählt) *entkrümmt* wird (Abb. 2c).

Der *richtige* Übergangsbogen setzt sich somit aus *zwei* Ästen zusammen, von denen der eine nach dem Gesetz der *kubischen Parabel* mit linear *zunehmender* Krümmung aus der *Geraden*, der andere aber nach *demselben* Gesetz — jedoch mit linear *abnehmender* Krümmung aus dem *Kreis* abgeleitet wurde. Die beiden Äste stoßen in ÜM mit der gleichen Richtung und Krümmung aneinander und bilden daher eine Kurve mit vollkommen stetigem Verlauf. Die beiden Äste bilden aber zusammen *keine* einheitliche kubische Parabel (wie sie in früherer Zeit als Übergangslinie verwendet wurde). Die so erhaltene Kurve ist frei von den der einheitlichen kubischen Parabel angelasteten Ungenauigkeiten oder Fehlern; sie geht bei ÜA sanft aus der Geraden hervor und bei KA ebenso sanft in die gleichbleibende Kreiskrümmung über. Diese Formgebung entspricht auch bei der Fahrt von Kraftwagen dem aus der Lenkradstellung für die Gerade erfolgenden Übergang (Einschlag) in die ebenfalls gleichbleibende Stellung im reinen Kreisbogen und aus diesem in die Gerade.

Länge des Übergangsbogens.

a) Für den *Eisenbahnbau* wählt man nach den bisherigen *Erfahrungen*

$$\boxed{l^{m} = V^{km/Std.}} \quad . \; . \; . \; 6)$$

d. h. die Übergangslänge (in Metern) so groß wie die größte auf der Strecke vorgesehene Fahrgeschwindigkeit in Stundenkilometern. Dies entspricht einer Fahrzeit von 3·6 Sekunden zur Vollziehung des Überganges.

$$t = 3{\cdot}6 \text{ Sekunden}$$

$$l = vt \ldots v \text{ im Meter je Sekunde}$$

$$v = \frac{V}{3{\cdot}6}$$

Es bleibt jedoch unbenommen, für sehr große Geschwindigkeiten ($V > 100$ km/Std) auch $l > V$ anzunehmen. Da $K = R\,.\,l$, empfiehlt sich für

Hauptbahnen:

$R_{kleinst} = 400$ m, $l = V = 90$, $K = 36.000$

Hauptbahnen (im Gebirge):

$R_{kleinst} = 300$ m, $l = V = 80$, $K = 24.000$

Nebenbahnen:

$R_{kleinst} = 250$ m, $l = V = 72$, $K = 18.000$

Lokalbahnen:

$R_{kleinst} = 250$ m, $l = V = 48$, $K = 12.000$

Lokalbahnen:

$R_{kleinst} = 200$ m, $l = V = 30$, $K = 6.000$

Hierbei soll das K sowie auch die durchschnittliche Fahrgeschwindigkeit V für größere Streckenabschnitte gleichen Geländecharakters mit demselben Wert angenommen werden. Die Verwendung anderer als der hier empfohlenen Werte für K erscheint selbstverständlich zulässig.

b) Im *Straßenbau,* wo man die Fahrgeschwindigkeit den durch die Geländeverhältnisse bedingten Krümmungen leicht anpassen kann, wählt man die Bogenhalbmesser nach baulichen Rücksichten und ermäßigt *demgemäß* die Fahrgeschwindigkeit schon *vor* der Einfahrt in eine Bogenstrecke. Hierzu kommt noch, daß man bei kleinen Bogenhalbmessern auch kürzere Bogenlängen erhält, welche nur die Einlegung von *kürzeren* Übergangskurven gestatten. Es empfiehlt sich, die Übergangslängen der Zahlentafel 1)

auf Seite 166

zu entnehmen!*)

*) Siehe auch: Findeis „Der Kreisbogen und seine Übergangslinie im Straßenbau". Zeitschrift „Die Bautechnik" 1941, Heft 22, Verlag Wilhelm Ernst & Sohn, Berlin W9.

2. Absteckung der Bogen-Hauptpunkte.*)

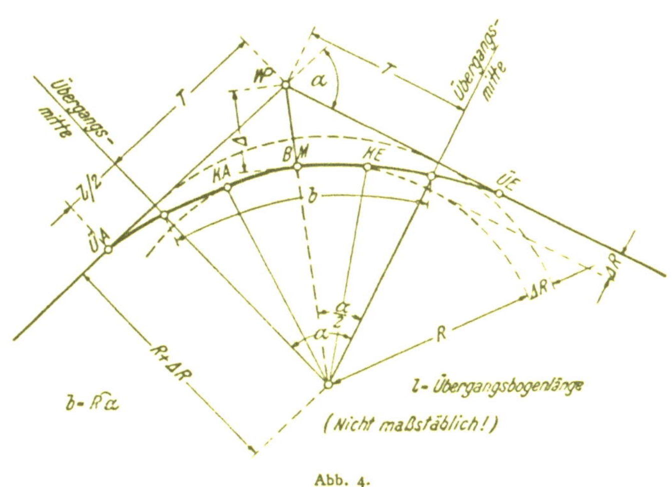

Abb. 4.

Tangentenlänge: $\text{ÜA} - \text{WP} = (R + \Delta R)\,\mathrm{tg}\,\frac{\alpha}{2} + \frac{l}{2}$

Scheitelabstand: $\text{WP} - \text{BM} = (R + \Delta R)\left(\sec\frac{\alpha}{2} - 1\right) + \Delta R$

Bogenlänge: $\text{ÜA} - \text{BM} - \text{ÜE} = R \cdot \widehat{\alpha} + 2 \cdot \frac{l}{2} = R \cdot \widehat{\alpha} + l$

Reine Kreislänge: $\text{KA} - \text{KE} = b - l = R\widehat{\alpha} - l$

Die Tafeln geben die *100fachen* Werte der Winkelgrößen: $\mathrm{tg}\,\frac{\alpha}{2}$, $\left(\sec\frac{\alpha}{2} - 1\right)$ und $\widehat{\alpha}$ an, so daß

$$T = \frac{R + \Delta R}{100} \cdot \mathrm{tg}\,\frac{\alpha}{2}$$

$$\Delta' = \frac{(R + \Delta R)}{100}\left(\sec\frac{\alpha}{2} - 1\right)$$

$$b = \frac{R}{100} \cdot \widehat{\alpha}$$

* Der Deutlichkeit halber ist Abb. 4 nicht maßstäblich (Δ R vergrößert) gezeichnet.

$\alpha = 0°$

Min	$tg\frac{\alpha}{2}$	$sec\frac{\alpha}{2} - 1$	$\widehat{\alpha}$	Min	$tg\frac{\alpha}{2}$	$sec\frac{\alpha}{2} - 1$	$\widehat{\alpha}$
0	0·000	0·000	0·000	31	0·451	0·001	0·902
1	14	0	29	32	65	1	31
2	29	0	58	33	80	1	60
3	44	0	87	34	94	1	89
4	58	0	0·116	35	0·509	1	1·018
5	73	0	45	36	24	1	47
6	87	0	75	37	38	1	76
7	0·102	0	0·204	38	53	1	1·105
8	16	0	33	39	67	0·002	34
9	31	0	62	40	82	2	64
10	45	0	91	41	96	2	93
11	60	0	0·320	42	0·611	2	1·222
12	74	0	49	43	25	2	51
13	89	0	78	44	40	2	80
14	0·204	0	0·407	45	54	2	1·309
15	18	0	36	46	69	2	38
16	33	0	65	47	84	2	67
17	47	0	95	48	98	2	96
18	62	0	0·524	49	0·713	2	1·425
19	76	0	53	50	27	0·003	54
20	91	0	82	51	42	3	84
21	0·305	0	0·611	52	56	3	1·513
22	20	0	40	53	71	3	42
23	34	0·001	69	54	85	3	71
24	49	1	98	55	0·800	3	1·600
25	64	1	0·727	56	14	3	29
26	78	1	56	57	29	3	58
27	93	1	85	58	44	0·004	87
28	0·407	1	0·814	59	58	4	1·716
29	22	1	44	60	73	4	45
30	36	1	73				

$\alpha = 1°$

Min	$\operatorname{tg}\frac{\alpha}{2}$	$\sec\frac{\alpha}{2}-1$	$\widehat{\alpha}$	Min	$\operatorname{tg}\frac{\alpha}{2}$	$\sec\frac{\alpha}{2}-1$	$\widehat{\alpha}$
0	0·873	0·004	1·745	31	1·324	0·009	2·647
1	87	4	74	32	38	9	76
2	0·902	4	1·804	33	53	9	2·705
3	16	4	33	34	67	9	34
4	31	4	62	35	82	0·010	63
5	45	4	91	36	96	10	93
6	60	0·005	1·920	37	1·411	10	2·822
7	75	5	49	38	25	10	51
8	89	5	78	39	40	10	80
9	1·004	5	2·007	40	54	0·011	2·909
10	18	5	36	41	69	11	38
11	33	5	65	42	84	11	67
12	47	5	94	43	98	11	96
13	62	0·006	2·123	44	1·513	11	3·025
14	76	6	53	45	27	0·012	54
15	91	6	82	46	42	12	83
16	1·105	6	2·211	47	56	12	3·113
17	20	6	40	48	71	12	42
18	34	0·007	69	49	85	0·013	71
19	49	7	98	50	1·600	13	3·200
20	64	7	2·327	51	14	13	29
21	78	7	56	52	29	13	58
22	93	7	85	53	43	13	87
23	1·207	7	2·414	54	58	0·014	3·316
24	22	7	43	55	73	14	45
25	36	0·008	73	56	87	14	74
26	51	8	2·502	57	1·702	14	3·403
27	65	8	31	58	16	0·015	32
28	80	8	60	59	31	15	62
29	94	8	89	60	45	15	19
30	1·309	0·009	2·618				

$\alpha = 2°$

Min	$tg\frac{\alpha}{2}$	$sec\frac{\alpha}{2}-1$	$\widehat{\alpha}$	Min	$tg\frac{\alpha}{2}$	$sec\frac{\alpha}{2}-1$	$\widehat{\alpha}$
0	1·745	0·015	3·491	31	2·197	0·024	4·392
1	60	15	3·520	32	2·211	24	4·422
2	75	0·016	49	33	26	0·025	51
3	89	16	78	34	40	25	80
4	1·804	16	3·607	35	55	25	4·509
5	18	0·017	36	36	69	0·026	38
6	33	17	65	37	83	26	67
7	47	17	94	38	98	26	96
8	62	17	3·723	39	2·313	0·027	4·625
9	76	0·018	52	40	27	27	54
10	91	18	82	41	42	27	83
11	1·906	18	3·811	42	57	0·028	4·712
12	20	18	40	43	71	28	41
13	35	0·019	69	44	86	28	71
14	49	19	98	45	2·400	0·029	4·800
15	64	19	3·927	46	15	29	29
16	78	0·020	56	47	29	0·030	58
17	93	20	85	48	44	30	87
18	2·007	20	4·014	49	58	30	4·916
19	22	20	43	50	73	0·031	45
20	36	0·021	72	51	88	31	74
21	51	21	4·102	52	2·502	31	5·003
22	66	21	31	53	17	0·032	32
23	80	0·022	60	54	31	32	61
24	95	22	89	55	46	32	91
25	2·109	22	4·218	56	60	0·033	5·120
26	23	0·023	47	57	75	33	49
27	38	23	76	58	89	33	78
28	52	23	4·305	59	2·604	0·034	5·207
29	67	0·024	34	60	19	34	36
30	82	24	63				

$\alpha = 3^\circ$

Min	$\operatorname{tg}\frac{\alpha}{2}$	$\sec\frac{\alpha}{2}-1$	$\widehat{\alpha}$	Min	$\operatorname{tg}\frac{\alpha}{2}$	$\sec\frac{\alpha}{2}-1$	$\widehat{\alpha}$
0	2·619	0·034	5·236	31	3·070	0·047	6·138
1	33	0·035	65	32	84	0·048	67
2	48	35	94	33	99	48	96
3	62	35	5·323	34	3·113	0·049	6·225
4	77	0·036	52	35	28	49	54
5	91	36	81	36	43	49	83
6	2·706	0·037	5·411	37	57	0·050	6·312
7	20	37	40	38	72	50	41
8	35	37	69	39	86	0·051	70
9	50	0·038	98	40	3·201	51	6·400
10	64	38	5·527	41	15	0·052	29
11	79	0·039	56	42	30	52	58
12	93	39	85	43	44	0·053	87
13	2·808	39	5·614	44	59	53	6·516
14	22	0·040	43	45	74	0·054	45
15	37	40	72	46	88	54	74
16	51	0·041	5·701	47	3·303	0·055	6·603
17	66	41	30	48	17	55	32
18	81	0·042	60	49	32	0·056	61
19	95	42	89	50	46	56	90
20	2·910	42	5·818	51	61	0·057	6·720
21	24	0·043	47	52	76	57	49
22	39	43	76	53	90	0·058	78
23	53	0·044	5·905	54	3·405	58	6·807
24	68	44	34	55	19	58	36
25	82	0·045	63	56	34	0·059	65
26	97	45	92	57	48	59	94
27	3·012	45	6·021	58	63	0·060	6·923
28	26	0·046	50	59	78	60	52
29	41	46	80	60	92	0·061	81
30	55	0·047	6·109				

$\alpha = 4°$

Min	$\operatorname{tg}\frac{\alpha}{2}$	$\sec\frac{\alpha}{2}-1$	$\widehat{\alpha}$	Min	$\operatorname{tg}\frac{\alpha}{2}$	$\sec\frac{\alpha}{2}-1$	$\widehat{\alpha}$
0	3·492	0·061	6·981	31	3·944	0·078	7·883
1	3·507	0·062	7·010	32	58	78	7·912
2	21	62	39	33	73	0·079	41
3	36	0·063	69	34	87	79	70
4	50	63	98	35	4·002	0·080	99
5	65	0·064	7·127	36	16	0·081	8·029
6	79	64	56	37	31	81	58
7	94	0·065	85	38	46	0·082	87
8	3·609	65	7·214	39	60	82	8·116
9	23	0·066	43	40	75	0·083	45
10	38	66	72	41	89	0·084	74
11	52	0·067	7·301	42	4·104	84	8·203
12	67	67	30	43	18	0·085	32
13	81	0·068	59	44	33	85	61
14	96	68	89	45	48	0·086	90
15	3·711	0·069	7·418	46	62	0·087	8·319
16	25	69	47	47	77	87	48
17	40	0·070	76	48	91	0·088	78
18	54	70	7·505	49	4·206	88	8·407
19	69	0·071	34	50	20	0·089	36
20	83	0·072	63	51	35	0·090	65
21	98	72	92	52	50	90	94
22	3·813	0·073	7·621	53	64	0·091	8·523
23	27	73	50	54	79	91	52
24	42	0·074	79	55	93	0·092	81
25	56	74	7·709	56	4·308	0·093	8·610
26	71	0·075	38	57	22	93	39
27	85	75	67	58	37	0·094	68
28	3·900	0·076	96	59	52	0·095	98
29	14	77	7·825	60	66	95	8·727
30	29	77	54				

$\alpha = 5°$

Min	$tg\frac{\alpha}{2}$	$\sec\frac{\alpha}{2}-1$	$\widehat{\alpha}$	Min	$tg\frac{\alpha}{2}$	$\sec\frac{\alpha}{2}-1$	$\widehat{\alpha}$
0	4·366	0·095	8·727	31	4·818	0·116	9·628
1	81	96	56	32	32	17	57
2	95	96	85	33	47	17	87
3	4·410	97	8·814	34	62	18	9·716
4	24	98	43	35	76	19	45
5	39	98	72	36	91	19	74
6	53	99	8·901	37	4·905	0·120	9·803
7	68	0·100	30	38	20	21	32
8	83	0	59	39	35	22	61
9	97	1	88	40	49	22	90
10	4·512	2	9·018	41	64	23	9·919
11	26	2	47	42	78	24	48
12	41	3	76	43	93	25	77
13	55	4	9·105	44	5·007	25	10·007
14	70	4	34	45	22	26	36
15	85	5	63	46	37	27	65
16	99	6	92	47	51	27	94
17	4·614	6	9·221	48	66	28	10·123
18	28	7	50	49	80	29	52
19	43	8	79	50	95	0·130	81
20	58	8	9·308	51	5·110	30	10·210
21	72	9	38	52	24	31	39
22	87	0·110	67	53	39	32	68
23	4·701	10	96	54	53	33	97
24	16	11	9·425	55	68	33	10·327
25	30	12	54	56	82	34	56
26	45	12	83	57	97	35	85
27	60	13	9·512	58	5·212	36	10·414
28	74	14	41	59	26	36	43
29	89	15	70	60	41	37	72
30	4·803	15	99				

$\alpha = 6°$

Min	$tg\frac{\alpha}{2}$	$sec\frac{\alpha}{2}-1$	$\widehat{\alpha}$	Min	$tg\frac{\alpha}{2}$	$sec\frac{\alpha}{2}-1$	$\widehat{\alpha}$
0	5·241	0·137	10·472	31	5·693	0·162	11·374
1	55	38	10·501	32	5·708	63	11·403
2	70	39	30	33	22	64	32
3	85	39	59	34	37	64	61
4	99	0·140	88	35	51	65	90
5	5·314	41	10·617	36	66	66	11·519
6	28	42	47	37	81	67	48
7	43	43	76	38	95	68	77
8	58	43	10·705	39	5·810	69	11·606
9	72	44	34	40	24	0·170	36
10	87	45	63	41	39	70	65
11	5·401	46	92	42	53	71	94
12	16	47	10·821	43	68	72	11·723
13	30	47	50	44	83	73	52
14	45	48	79	45	97	74	81
15	60	49	10·908	46	5·912	75	11·810
16	74	0·150	37	47	26	76	39
17	89	51	66	48	41	76	68
18	5·503	51	96	49	56	77	97
19	18	52	11·025	50	70	78	11·926
20	32	53	54	51	85	79	56
21	47	54	83	52	99	0·180	85
22	62	55	11·112	53	6·014	81	12·014
23	76	55	41	54	29	82	43
24	91	56	70	55	43	82	72
25	5·605	57	99	56	58	83	12·101
26	20	58	11·228	57	72	84	30
27	35	59	57	58	87	85	59
28	49	59	86	59	6·102	86	88
29	64	0·160	11·316	60	16	87	12·217
30	78	61	45				

$\alpha = 7^\circ$

Min	$tg\frac{\alpha}{2}$	$sec\frac{\alpha}{2}-1$	$\widehat{\alpha}$	Min	$tg\frac{\alpha}{2}$	$sec\frac{\alpha}{2}-1$	$\widehat{\alpha}$
0	6·116	0·187	12·217	31	6·569	0·216	13·119
1	31	88	46	32	84	17	48
2	45	89	75	33	98	17	77
3	60	0·190	12·305	34	6·613	18	13·206
4	75	91	34	35	27	19	35
5	89	91	63	36	42	0·220	65
6	6·204	92	92	37	57	21	94
7	18	93	12·421	38	71	22	13·323
8	33	94	50	39	86	23	52
9	48	95	79	40	6·700	24	81
10	62	96	12·508	41	15	25	13·410
11	77	97	37	42	30	26	39
12	91	98	66	43	44	27	68
13	6·306	99	95	44	59	28	97
14	21	0·200	12·625	45	73	29	13·526
15	35	1	54	46	88	0·230	55
16	50	1	83	47	6·803	31	84
17	64	2	12·712	48	17	32	13·614
18	79	3	41	49	32	33	43
19	94	4	70	50	47	34	72
20	6·408	5	99	51	61	35	13·701
21	23	6	12·828	52	76	36	30
22	37	7	57	53	90	37	59
23	52	8	86	54	6·905	38	88
24	67	9	12·915	55	20	39	13·817
25	81	0·210	45	56	34	0·240	46
26	96	11	74	57	49	41	75
27	6·510	12	13·003	58	63	42	13·904
28	25	13	32	59	78	43	34
29	40	14	61	60	93	44	63
30	54	15	90				

$\alpha = 8°$

Min	$\operatorname{tg}\frac{\alpha}{2}$	$\sec\frac{\alpha}{2}-1$	$\widehat{\alpha}$	Min	$\operatorname{tg}\frac{\alpha}{2}$	$\sec\frac{\alpha}{2}-1$	$\widehat{\alpha}$
0	6·993	0·244	13·963	31	7·446	0·277	14·864
1	7·707	45	92	32	60	78	93
2	22	46	14·021	33	75	79	14·923
3	37	47	50	34	90	0·280	52
4	51	48	79	35	7·504	81	81
5	66	49	14·108	36	19	82	15·010
6	80	0·250	37	37	34	83	39
7	95	51	66	38	48	85	68
8	7·110	52	95	39	63	86	97
9	24	54	14·224	40	77	87	15·126
10	39	55	54	41	92	88	55
11	54	56	83	42	7·607	89	84
12	68	57	14·312	43	21	0·290	15·213
13	83	58	41	44	36	91	43
14	97	59	70	45	51	92	72
15	7·212	0·260	99	46	65	93	15·301
16	27	61	14·428	47	80	95	30
17	41	62	57	48	95	96	59
18	56	63	86	49	7·709	97	88
19	70	64	14·515	50	24	98	15·417
20	85	65	44	51	38	99	46
21	7·300	66	73	52	53	0·300	75
22	14	67	14·603	53	68	1	15·504
23	29	68	32	54	82	2	33
24	43	69	61	55	97	3	63
25	58	0·270	90	56	7·812	5	92
26	73	71	14·719	57	26	6	15·621
27	87	73	48	58	41	7	50
28	7·402	74	77	59	55	8	79
29	17	75	14·806	60	70	9	15·708
30	31	76	35				

$\alpha = 9°$

Min	$\mathrm{tg}\frac{\alpha}{2}$	$\sec\frac{\alpha}{2}-1$	$\widehat{\alpha}$	Min	$\mathrm{tg}\frac{\alpha}{2}$	$\sec\frac{\alpha}{2}-1$	$\widehat{\alpha}$
0	7·870	0·309	15·708	31	8·324	0·346	16·610
1	85	0·310	37	32	39	47	39
2	99	11	66	33	53	48	68
3	7·914	13	95	34	68	0·350	97
4	29	14	15·824	35	83	51	16·726
5	43	15	53	36	97	52	55
6	58	16	82	37	8·412	53	84
7	73	17	15·912	38	26	54	16·813
8	87	19	41	39	41	56	42
9	8·002	0·320	70	40	56	57	72
10	16	21	99	41	70	58	16·901
11	31	22	16·028	42	85	59	30
12	46	23	57	43	8·500	0·361	59
13	60	24	86	44	14	62	88
14	75	26	16·115	45	29	63	17·017
15	90	27	44	46	44	64	46
16	8·104	28	73	47	58	66	75
17	19	29	16·202	48	73	67	17·104
18	34	0·330	32	49	88	68	33
19	48	31	61	50	8·602	69	62
20	63	33	90	51	17	0·371	91
21	78	34	16·319	52	32	72	17·221
22	92	35	48	53	46	73	50
23	8·207	36	77	54	61	74	79
24	21	37	16·406	55	76	76	17·308
25	36	39	35	56	90	77	37
26	51	0·340	64	57	8·705	78	66
27	65	41	93	58	20	79	95
28	80	42	16·522	59	34	0·381	17·424
29	95	43	52	60	49	82	53
30	8·309	45	81				

$\alpha = 10°$

Min	$tg\frac{\alpha}{2}$	$\sec\frac{\alpha}{2} - 1$	$\widehat{\alpha}$	Min	$tg\frac{\alpha}{2}$	$\sec\frac{\alpha}{2} - 1$	$\widehat{\alpha}$
0	8·749	0·382	17·453	31	9·203	0·423	18·355
1	64	83	82	32	18	24	84
2	78	85	17·511	33	33	25	18·413
3	93	86	41	34	47	27	42
4	8·808	87	70	35	62	28	71
5	22	88	99	36	77	29	18·500
6	37	0·390	17·628	37	91	0·431	30
7	52	91	57	38	9·306	32	59
8	66	92	86	39	21	33	88
9	81	94	17·715	40	35	35	18·617
10	95	95	44	41	50	36	46
11	8·910	96	73	42	65	38	75
12	25	98	17·802	43	79	39	18·704
13	39	99	31	44	94	0·440	33
14	54	0·400	61	45	9·409	42	62
15	69	1	90	46	23	43	91
16	83	3	17·919	47	38	44	18·820
17	98	4	48	48	53	46	50
18	9·013	5	77	49	68	47	79
19	27	7	18·006	50	82	49	18·908
20	42	8	35	51	97	0·450	37
21	57	9	64	52	9·512	51	66
22	71	0·411	93	53	26	53	95
23	86	12	18·122	54	41	54	19·024
24	9·101	13	51	55	56	56	53
25	15	15	81	56	70	57	82
26	30	16	18·210	57	85	58	19·111
27	45	17	39	58	9·600	0·460	40
28	59	19	68	59	14	61	70
29	74	0·420	97	60	29	63	99
30	89	21	18·326				

$\alpha = 11°$

Min	$\mathrm{tg}\,\frac{\alpha}{2}$	$\sec\frac{\alpha}{2} - 1$	$\hat{\alpha}$	Min	$\mathrm{tg}\,\frac{\alpha}{2}$	$\sec\frac{\alpha}{2} - 1$	$\hat{\alpha}$
0	9·629	0·463	19·199	31	10·084	0·507	20·100
1	44	64	19·228	32	99	9	29
2	58	65	57	33	10·113	0·510	59
3	73	67	86	34	28	12	88
4	88	68	19·315	35	43	13	20·217
5	9·702	0·470	44	36	58	15	46
6	17	71	73	37	72	16	75
7	32	72	19·402	38	87	18	20·304
8	46	74	31	39	10·202	19	33
9	61	75	60	40	16	0·521	62
10	76	77	90	41	31	22	91
11	90	78	19·519	42	46	24	20·420
12	9·805	0·480	48	43	60	25	49
13	20	81	77	44	75	27	79
14	34	82	19·606	45	90	28	20·508
15	49	84	35	46	10·305	0·530	37
16	64	85	64	47	19	31	66
17	78	87	93	48	34	33	95
18	93	88	19·722	49	49	34	20·624
19	9·908	0·490	51	50	63	36	53
20	23	91	80	51	78	37	82
21	37	93	19·819	52	93	39	20·711
22	52	94	39	53	10·407	0·540	40
23	67	95	68	54	22	42	69
24	81	97	97	55	37	43	99
25	96	98	19·926	56	52	45	20·828
26	10·011	0·500	55	57	66	46	57
27	25	1	84	58	81	48	86
28	40	3	20·013	59	96	49	20·915
29	55	4	42	60	10·510	0·551	44
30	69	6	71				

$\alpha = 12°$

Min	$tg\frac{\alpha}{2}$	$\sec\frac{\alpha}{2}-1$	$\widehat{\alpha}$	Min	$tg\frac{\alpha}{2}$	$\sec\frac{\alpha}{2}-1$	$\widehat{\alpha}$
0	10·510	0·551	20·944	31	10·967	0·600	21·846
1	25	52	73	32	81	1	75
2	40	54	21·002	33	96	3	21·904
3	54	55	31	34	11·011	4	33
4	69	57	60	35	25	6	62
5	84	59	89	36	40	8	91
6	99	0·560	21·118	37	55	9	22·020
7	10·613	62	48	38	70	0·611	49
8	28	63	77	39	84	12	78
9	43	65	21·206	40	99	14	22·108
10	57	66	35	41	11·114	16	37
11	72	68	64	42	28	17	66
12	87	69	93	43	43	19	95
13	10·702	0·571	21·322	44	58	0·621	22·224
14	16	73	51	45	73	22	53
15	31	74	80	46	87	24	82
16	46	76	21·409	47	11·202	26	22·311
17	60	77	38	48	17	27	40
18	75	79	68	49	32	29	69
19	90	0·580	97	50	46	0·630	98
20	10·805	82	21·526	51	61	32	22·427
21	19	84	55	52	76	34	57
22	34	85	84	53	90	35	86
23	49	87	21·613	54	11·305	37	22·515
24	64	88	42	55	20	39	44
25	78	0·590	71	56	35	0·640	73
26	93	92	21·700	57	49	42	22·602
27	10·908	93	29	58	64	44	31
28	22	95	58	59	79	45	60
29	37	96	88	60	94	47	89
30	52	98	21·817				

$\alpha = 13°$

Min	$\text{tg}\,\frac{\alpha}{2}$	$\sec\frac{\alpha}{2} - 1$	$\widehat{\alpha}$	Min	$\text{tg}\,\frac{\alpha}{2}$	$\sec\frac{\alpha}{2} - 1$	$\widehat{\alpha}$
0	11·394	0·647	22·689	31	11·851	0·700	23·591
1	11·408	49	22·718	32	65	2	23·620
2	23	0·650	47	33	80	3	49
3	38	52	77	34	95	5	78
4	53	54	22·806	35	11·910	7	23·707
5	67	55	35	36	24	8	36
6	82	57	64	37	39	0·710	66
7	97	59	93	38	54	12	95
8	11·511	0·660	22·922	39	69	14	23·824
9	26	62	51	40	83	15	53
10	41	64	80	41	98	17	82
11	56	66	23·009	42	12·013	19	23·911
12	70	67	38	43	27	0·721	40
13	85	69	67	44	42	23	69
14	11·600	0·671	97	45	57	24	98
15	15	72	23·126	46	72	26	24·027
16	29	74	55	47	87	28	56
17	44	76	84	48	12·101	0·730	86
18	59	77	23·213	49	16	31	24·115
19	74	79	42	50	31	33	44
20	88	0·681	71	51	46	35	73
21	11·703	83	23·300	52	60	37	24·202
22	18	84	29	53	75	38	31
23	33	86	58	54	90	0·740	60
24	47	88	87	55	12·205	42	89
25	62	89	23·417	56	19	44	24·318
26	77	0·691	46	57	34	46	47
27	92	93	75	58	49	47	76
28	11·806	95	23·504	59	64	49	24·406
29	21	96	33	60	78	0·751	35
30	36	98	62				

$\alpha = 14°$

Min	$\operatorname{tg}\frac{\alpha}{2}$	$\sec\frac{\alpha}{2}-1$	$\widehat{\alpha}$	Min	$\operatorname{tg}\frac{\alpha}{2}$	$\sec\frac{\alpha}{2}-1$	$\widehat{\alpha}$
0	12·278	0·751	24·435	31	12·736	0·808	25·336
1	93	53	64	32	51	0·810	65
2	12·308	55	93	33	66	12	95
3	23	56	24·522	34	81	13	25·424
4	37	58	51	35	96	15	53
5	52	0·760	80	36	12·810	17	82
6	67	62	24·609	37	25	19	25·511
7	82	64	38	38	40	0·821	40
8	97	65	67	39	55	23	69
9	12·411	67	96	40	69	25	98
10	26	69	24·725	41	84	27	25·627
11	41	0·771	55	42	99	29	56
12	56	73	84	43	12·914	0·830	85
13	70	75	24·813	44	29	32	25·715
14	85	76	42	45	43	34	44
15	12·500	78	71	46	58	36	73
16	15	0·780	24·900	47	73	38	25·802
17	30	82	29	48	88	0·840	31
18	44	84	58	49	13·003	42	60
19	59	86	87	50	17	44	89
20	74	87	25·016	51	32	46	25·918
21	89	89	45	52	47	48	47
22	12·603	0·791	75	53	62	49	76
23	18	93	25·104	54	76	0·851	26·005
24	33	95	33	55	91	53	34
25	48	97	62	56	13·106	55	64
26	63	99	91	57	21	57	93
27	77	0·800	25·220	58	36	59	26·122
28	92	2	49	59	50	0·861	51
29	12·707	4	78	60	65	63	80
30	22	6	25·307				

$\alpha = 15^\circ$

Min	$\mathrm{tg}\frac{\alpha}{2}$	$\sec\frac{\alpha}{2}-1$	$\widehat{\alpha}$	Min	$\mathrm{tg}\frac{\alpha}{2}$	$\sec\frac{\alpha}{2}-1$	$\widehat{\alpha}$
0	13·165	0·863	26·180	31	13·624	0·924	27·082
1	80	65	26·209	32	39	26	27·111
2	95	67	38	33	54	28	40
3	13·210	69	67	34	69	0·930	69
4	24	0·871	96	35	84	32	98
5	39	73	26·325	36	98	34	27·227
6	54	75	54	37	13·713	36	56
7	69	77	84	38	28	38	85
8	84	78	26·413	39	43	0·940	27·314
9	98	0·880	42	40	58	42	43
10	13·313	82	71	41	72	44	73
11	28	84	26·500	42	87	46	27·402
12	43	86	29	43	13·802	48	31
13	58	88	58	44	17	0·950	60
14	72	0·890	87	45	32	52	89
15	87	92	26·616	46	46	54	27·518
16	13·402	94	45	47	61	56	47
17	17	96	74	48	76	58	76
18	32	98	26·704	49	91	0·960	27·605
19	46	0·900	33	50	13·906	62	34
20	61	2	62	51	21	64	63
21	76	4	91	52	35	66	93
22	91	6	26·820	53	50	68	27·722
23	13·506	8	49	54	65	0·970	51
24	20	0·910	78	55	80	73	80
25	35	12	26·907	56	95	75	27·809
26	50	14	36	57	14·010	77	38
27	65	16	65	58	24	79	67
28	80	18	94	59	39	0·981	96
29	95	0·920	27·024	60	54	83	27·925
30	13·609	22	53				

$\alpha = 16°$

Min	$\mathrm{tg}\frac{\alpha}{2}$	$\sec\frac{\alpha}{2}-1$	$\widehat{\alpha}$	Min	$\mathrm{tg}\frac{\alpha}{2}$	$\sec\frac{\alpha}{2}-1$	$\widehat{\alpha}$
0	14·054	0·983	27·925	31	14·514	1·048	28·827
1	69	85	54	32	29	50	56
2	84	87	83	33	44	52	85
3	99	89	28·013	34	59	54	28·914
4	14·113	0·991	42	35	74	56	43
5	28	93	71	36	88	59	72
6	43	95	28·100	37	14·603	1·061	29·002
7	58	97	29	38	18	63	31
8	73	99	58	39	33	65	60
9	88	1·001	87	40	48	67	89
10	14·202	4	28·216	41	63	69	29·118
11	17	6	45	42	77	1·071	47
12	32	8	74	43	92	74	76
13	47	1·010	28·303	44	14·707	76	29·205
14	62	12	33	45	22	78	34
15	77	14	62	46	37	1·080	63
16	91	16	91	47	52	82	92
17	14·306	18	28·420	48	67	84	29·322
18	21	1·020	49	49	82	87	51
19	36	22	78	50	96	89	80
20	51	25	28·507	51	14·811	1·091	29·409
21	66	27	36	52	26	93	38
22	80	29	65	53	41	95	67
23	95	1·031	94	54	56	98	96
24	14·410	33	28·623	55	71	1·100	29·525
25	25	35	52	56	86	2	54
26	40	37	82	57	14·900	4	83
27	55	39	28·711	58	15	6	29·612
28	70	1·041	40	59	30	8	42
29	84	44	69	60	45	1·111	71
30	99	46	98				

$\alpha = 17^\circ$

Min	$\operatorname{tg}\frac{\alpha}{2}$	$\sec\frac{\alpha}{2}-1$	$\widehat{\alpha}$	Min	$\operatorname{tg}\frac{\alpha}{2}$	$\sec\frac{\alpha}{2}-1$	$\widehat{\alpha}$
0	14·945	1·111	29·671	31	15·406	1·180	30·572
1	60	13	29·700	32	21	82	30·601
2	75	15	29	33	36	84	31
3	90	17	58	34	51	87	60
4	15·005	19	87	35	66	89	89
5	19	1·122	29·816	36	81	1·191	30·718
6	34	24	45	37	96	94	47
7	49	26	74	38	15·511	96	76
8	64	28	29·903	39	25	98	30·805
9	79	1·131	32	40	40	1·200	34
10	94	33	61	41	55	3	63
11	15·109	35	91	42	70	5	92
12	24	37	30·020	43	85	7	30·921
13	38	39	49	44	15·600	1·210	51
14	53	1·142	78	45	15	12	80
15	68	44	30·107	46	30	14	31·009
16	83	46	36	47	45	16	38
17	98	48	65	48	60	19	67
18	15·213	1·151	94	49	74	1·221	96
19	28	53	30·223	50	89	23	21·125
20	43	55	52	51	15·704	26	54
21	57	57	81	52	19	28	83
22	72	1·160	30·311	53	34	1·230	31·212
23	87	62	40	54	49	33	41
24	15·302	64	69	55	64	35	70
25	17	66	98	56	79	37	31·300
26	32	69	30·427	57	94	1·240	29
27	47	1·171	56	58	15·809	42	58
28	62	73	85	59	23	44	87
29	77	75	30·514	60	38	47	31·416
30	91	78	43				

$\alpha = 18°$

Min	$\mathrm{tg}\,\frac{\alpha}{2}$	$\sec\frac{\alpha}{2} - 1$	$\widehat{\alpha}$	Min	$\mathrm{tg}\,\frac{\alpha}{2}$	$\sec\frac{\alpha}{2} - 1$	$\widehat{\alpha}$
0	15·838	1·247	31·416	31	16·301	1·320	32·318
1	53	49	45	32	16	22	47
2	68	1·251	74	33	31	25	76
3	83	54	31·503	34	46	27	32·405
4	98	56	32	35	61	29	34
5	15·913	58	61	36	76	1·332	63
6	28	1·261	90	37	91	34	92
7	43	63	31·620	38	16·405	37	32·521
8	58	65	49	39	20	39	50
9	73	68	78	40	35	1·342	80
10	88	1·270	31·707	41	50	44	32·609
11	16·002	72	36	42	65	47	38
12	17	75	65	43	80	49	67
13	32	77	94	44	95	1·351	96
14	47	79	31·823	45	16·510	54	32·725
15	62	1·282	52	46	25	56	54
16	77	84	81	47	40	59	83
17	92	87	31·910	48	55	1·361	32·812
18	16·107	89	40	49	70	64	41
19	22	1·291	69	50	85	66	70
20	37	94	98	51	16·600	68	32·900
21	52	96	32·027	52	15	1·371	29
22	67	98	56	53	30	73	59
23	81	1·301	85	54	45	76	87
24	96	3	32·114	55	59	78	33·016
25	16·211	5	43	56	74	1·381	45
26	26	8	72	57	89	83	74
27	41	1·310	32·201	58	16·704	86	33·103
28	56	13	30	59	19	88	32
29	71	15	60	60	34	1·391	61
30	86	17	89				

$\alpha = 19°$

Min	$tg\frac{\alpha}{2}$	$\sec\frac{\alpha}{2}-1$	$\widehat{\alpha}$
0	16·734	1·391	33·161
1	49	93	90
2	64	95	33·219
3	79	98	49
4	94	1·400	78
5	16·809	3	33·307
6	24	5	36
7	39	8	65
8	54	1·410	94
9	69	13	33·423
10	84	15	52
11	99	18	81
12	16·914	1·420	33·510
13	29	23	39
14	44	25	68
15	59	28	98
16	74	1·430	33·627
17	88	33	56
18	17·003	35	85
19	18	38	33·714
20	33	1·440	43
21	48	43	72
22	63	45	33·801
23	78	48	30
24	93	1·450	59
25	17·108	53	88
26	23	55	33·918
27	38	58	47
28	53	1·461	76
29	68	63	34·005
30	83	66	34
31	17·198	1·468	34·063
32	17·213	1·471	92
33	28	73	34·121
34	43	76	50
35	58	78	79
36	73	1·481	34·208
37	88	83	38
38	17·303	86	67
39	18	89	96
40	33	1·491	34·325
41	48	94	54
42	63	96	83
43	78	99	34·412
44	93	1·501	41
45	17·408	4	70
46	23	6	99
47	38	9	34·528
48	53	1·512	58
49	68	14	87
50	83	17	34·616
51	98	19	45
52	17·513	1·522	74
53	28	25	34·703
54	43	27	32
55	58	1·530	61
56	73	32	90
57	88	35	34·819
58	17·603	38	48
59	18	1·540	77
60	33	43	34·907

$\alpha = 20°$

Min	$\text{tg}\frac{\alpha}{2}$	$\sec\frac{\alpha}{2}-1$	$\widehat{\alpha}$	Min	$\text{tg}\frac{\alpha}{2}$	$\sec\frac{\alpha}{2}-1$	$\widehat{\alpha}$
0	17·633	1·543	34·907	31	18·098	1·625	35·808
1	48	45	36	32	18·113	27	37
2	63	48	65	33	28	1·630	67
3	78	1·551	94	34	43	33	96
4	93	53	35·023	35	58	35	35·925
5	17·708	56	52	36	73	38	54
6	23	58	81	37	88	1·641	83
7	38	1·561	35·110	38	18·203	43	36·012
8	53	64	39	39	18	46	41
9	68	66	68	40	33	49	70
10	83	69	97	41	48	1·651	99
11	98	1·572	35·227	42	63	54	36·128
12	17·813	74	56	43	78	57	57
13	28	77	85	44	93	1·660	86
14	43	79	35·314	45	18·308	62	36·216
15	58	1·582	43	46	23	65	45
16	73	85	72	47	38	68	74
17	88	87	35·401	48	53	1·670	36·303
18	17·903	1·590	30	49	69	73	32
19	18	93	59	50	84	76	61
20	33	95	88	51	99	78	90
21	48	98	35·517	52	18·414	1·681	36·419
22	63	1·601	47	53	29	84	48
23	78	3	76	54	44	87	77
24	93	6	35·605	55	59	89	36·506
25	18·008	9	34	56	74	1·692	36
26	23	1·611	63	57	89	95	65
27	38	14	92	58	18·504	98	94
28	53	17	35·721	59	19	1·700	36·623
29	68	19	50	60	34	3	52
30	83	1·622	79				

$\alpha = 21°$

Min	tg $\frac{\alpha}{2}$	sec $\frac{\alpha}{2}$ —1	$\widehat{\alpha}$	Min	tg $\frac{\alpha}{2}$	sec $\frac{\alpha}{2}$ —1	$\widehat{\alpha}$
0	18·534	1·703	36·652	31	19·001	1·789	37·554
1	49	6	81	32	16	1·792	83
2	64	9	36·710	33	31	95	37·612
3	79	1·711	39	34	46	98	41
4	94	14	68	35	61	1·800	70
5	18·609	17	97	36	76	3	99
6	24	1·720	36·826	37	91	6	37·728
7	39	22	56	38	19·106	9	57
8	54	25	85	39	21	1·812	86
9	69	28	36·914	40	36	15	37·815
10	84	1·731	43	41	51	17	45
11	99	33	72	42	67	1·820	74
12	18·715	36	37·001	43	82	23	37·903
13	30	39	30	44	97	26	32
14	45	1·742	59	45	19·212	29	61
15	60	44	88	46	27	1·832	90
16	75	47	37·117	47	42	34	38·019
17	90	1·750	46	48	57	37	48
18	18·805	53	76	49	72	1·840	77
19	20	56	37·205	50	87	43	38·106
20	35	58	34	51	19·302	46	35
21	50	1·761	63	52	17	49	65
22	65	64	92	53	32	1·852	94
23	80	67	37·321	54	48	54	38·223
24	95	69	50	55	63	57	52
25	18·910	1·772	79	56	78	1·860	81
26	25	75	37·408	57	93	63	38·310
27	40	78	37	58	19·408	66	39
28	56	1·781	66	59	23	69	68
29	71	84	95	60	38	1·872	97
30	86	86	37·525				

$\alpha = 22°$

Min	$tg \frac{\alpha}{2}$	$sec \frac{\alpha}{2} - 1$	$\widehat{\alpha}$	Min	$tg \frac{\alpha}{2}$	$sec \frac{\alpha}{2} - 1$	$\widehat{\alpha}$
0	19·438	1·872	38·397	31	19·906	1·962	39·299
1	53	75	38·426	32	21	65	39·328
2	68	77	55	33	37	68	57
3	83	1·880	85	34	52	1·971	86
4	98	83	38·514	35	67	74	39·415
5	19·513	86	43	36	82	77	44
6	29	89	72	37	97	1·980	74
7	44	1·892	38·601	38	20·012	83	39·503
8	59	95	30	39	27	86	32
9	74	98	59	40	42	89	61
10	89	1·901	88	41	58	1·992	90
11	19·604	4	38·717	42	73	95	39·619
12	19	6	46	43	88	98	48
13	34	9	75	44	20·103	2·001	77
14	49	1·912	38·804	45	18	4	39·706
15	65	15	34	46	33	7	35
16	80	18	63	47	48	2·010	64
17	95	1·921	92	48	63	13	94
18	19·710	24	38·921	49	79	16	39·823
19	25	27	50	50	94	19	52
20	40	1·930	79	51	20·209	2·022	81
21	55	33	39·008	52	24	25	39·910
22	70	36	37	53	39	28	39
23	85	39	66	54	54	2·031	68
24	19·800	1·942	95	55	69	34	97
25	16	44	39·124	56	85	37	40·026
26	31	47	54	57	20·300	2·040	55
27	46	1·950	83	58	15	43	84
28	61	53	39·212	59	30	46	40·113
29	76	56	41	60	45	49	43
30	91	59	70				

$\alpha = 23°$

Min	$\operatorname{tg}\frac{\alpha}{2}$	$\sec\frac{\alpha}{2}-1$	$\widehat{\alpha}$	Min	$\operatorname{tg}\frac{\alpha}{2}$	$\sec\frac{\alpha}{2}-1$	$\widehat{\alpha}$
0	20·345	2·049	40·143	31	20·815	2·143	41·044
1	60	2·052	72	32	30	46	73
2	75	55	40·201	33	46	2·150	41·103
3	91	58	30	34	61	53	32
4	20·406	2·061	59	35	76	56	61
5	21	64	88	36	91	59	90
6	36	67	40·317	37	20·906	2·162	41·219
7	51	2·070	46	38	21	65	48
8	66	73	75	39	37	68	67
9	82	76	40·404	40	52	2·171	41·306
10	97	79	33	41	67	74	35
11	20·512	2·082	63	42	82	78	64
12	27	85	92	43	97	2·181	93
13	42	88	40·521	44	21·013	84	41·422
14	57	2·091	50	45	28	87	52
15	73	94	79	46	43	2·190	81
16	88	97	40·608	47	58	93	41·510
17	20·603	2·100	37	48	73	96	39
18	18	3	66	49	89	99	68
19	33	7	95	50	21·104	2·203	97
20	48	2·110	40·724	51	19	6	41·626
21	64	13	53	52	34	9	55
22	79	16	83	53	49	2·212	84
23	94	19	40·812	54	65	15	41·713
24	20·709	2·122	41	55	80	18	42
25	24	25	70	56	95	2·221	72
26	39	28	99	57	21·210	25	41·801
27	55	2·131	40·928	58	25	28	30
28	70	34	57	59	41	2·231	59
29	85	37	86	60	56	34	88
30	20·800	2·140	41·015				

$\alpha = 24°$

Min	$\operatorname{tg}\frac{\alpha}{2}$	$\sec\frac{\alpha}{2}-1$	$\widehat{\alpha}$	Min	$\operatorname{tg}\frac{\alpha}{2}$	$\sec\frac{\alpha}{2}-1$	$\widehat{\alpha}$
0	21·256	2·234	41·888	31	21·727	2·333	42·790
1	71	37	41·917	32	43	36	42·819
2	86	2·240	46	33	58	2·340	48
3	21·301	44	75	34	73	43	77
4	17	47	42·004	35	88	46	42·906
5	32	2·250	33	36	21·803	49	35
6	47	53	62	37	19	2·353	64
7	62	56	92	38	34	56	93
8	77	59	42·121	39	49	59	43·022
9	93	2·263	50	40	64	2·362	51
10	21·408	66	79	41	80	66	81
11	23	69	42·208	42	95	69	43·110
12	38	2·272	37	43	21·910	2·372	39
13	53	75	66	44	25	75	68
14	69	79	95	45	41	79	97
15	84	2·282	42·324	46	56	2·382	43·226
16	99	85	53	47	71	85	55
17	21·514	88	82	48	86	89	84
18	29	2·291	42·412	49	22·002	2·392	43·313
19	45	95	41	50	17	95	42
20	60	98	70	51	32	98	71
21	75	2·301	99	52	47	2·402	43·401
22	90	4	42·528	53	63	5	30
23	21·606	7	57	54	78	8	59
24	21	2·311	86	55	93	2·412	88
25	36	14	42·615	56	22·108	15	43·517
26	51	17	44	57	24	18	46
27	66	2·320	73	58	39	2·421	75
28	82	24	42·702	59	54	25	43·604
29	97	27	31	60	69	28	33
30	21·712	2·330	61				

$\alpha = 25^\circ$

Min	$\operatorname{tg}\frac{\alpha}{2}$	$\sec\frac{\alpha}{2} - 1$	$\widehat{\alpha}$	Min	$\operatorname{tg}\frac{\alpha}{2}$	$\sec\frac{\alpha}{2} - 1$	$\widehat{\alpha}$
0	22·169	2·428	43·633	31	22·643	2·531	44·535
1	85	2·431	62	32	58	35	64
2	22·200	35	91	33	74	38	93
3	15	38	43·720	34	89	2·542	44·622
4	30	2·441	50	35	22·704	45	51
5	46	45	79	36	19	48	80
6	61	48	43·808	37	35	2·552	44·710
7	76	2·451	37	38	50	55	39
8	92	54	66	39	65	59	68
9	22·307	58	95	40	81	2·562	97
10	22	2·461	43·924	41	96	65	44·826
11	37	64	53	42	22·811	69	55
12	53	68	82	43	27	2·572	84
13	68	2·471	04·011	44	42	76	44·913
14	83	74	40	45	57	79	42
15	98	78	70	46	72	2·582	71
16	22·414	2·481	99	47	88	86	45·000
17	29	85	44·128	48	22·903	89	29
18	44	88	57	49	18	2·593	59
19	60	2·491	86	50	34	96	88
20	75	95	44·215	51	49	99	45·117
21	90	98	44	52	64	2·603	46
22	22·505	2·501	73	53	80	6	75
23	21	5	44·302	54	95	2·610	45·204
24	36	8	31	55	23·010	13	33
25	51	2·511	60	56	26	17	62
26	67	15	90	57	41	2·620	91
27	82	18	44·419	58	56	23	45·320
28	97	2·521	48	59	72	27	49
29	22·612	25	77	60	87	2·630	79
30	28	28	44·506				

$\alpha = 26°$

Min	$\mathrm{tg}\,\frac{\alpha}{2}$	$\sec\frac{\alpha}{2}-1$	$\widehat{\alpha}$	Min	$\mathrm{tg}\,\frac{\alpha}{2}$	$\sec\frac{\alpha}{2}-1$	$\widehat{\alpha}$
0	23·087	2·630	45·379	31	23·562	2·738	46·280
1	23·102	34	45·408	32	78	2·742	46·309
2	18	37	37	33	93	45	38
3	33	2·641	66	34	23·608	49	68
4	48	44	95	35	24	2·753	97
5	63	48	45·524	36	39	56	46·426
6	79	2·651	53	37	54	2·760	55
7	94	55	82	38	70	63	84
8	23·209	58	45·611	39	85	67	46·513
9	25	2·661	40	40	23·700	2·770	42
10	40	65	69	41	16	74	71
11	55	68	99	42	31	77	46·600
12	71	2·672	45·728	43	47	2·781	29
13	86	75	57	44	62	84	58
14	23·301	79	86	45	77	88	88
15	17	2·682	45·815	46	93	2·792	46·717
16	32	86	44	47	23·808	95	46
17	47	89	73	48	23	99	75
18	63	2·693	45·902	49	39	2·802	46·804
19	78	96	31	50	54	6	33
20	93	2·700	60	51	70	9	62
21	23·409	3	89	52	85	2·813	91
22	24	7	46·019	53	23·900	16	46·920
23	39	2·710	48	54	16	2·820	49
24	55	14	77	55	31	24	78
25	70	17	46·106	56	46	27	47·008
26	86	2·721	35	57	62	2·831	37
27	23·501	24	64	58	77	34	66
28	16	28	93	59	93	38	95
29	32	2·731	46·222	60	24·008	2·842	47·124
30	47	35	51				

$\alpha = 27°$

Min	$\mathrm{tg}\frac{\alpha}{2}$	$\sec\frac{\alpha}{2}-1$	α	Min	$\mathrm{tg}\frac{\alpha}{2}$	$\sec\frac{\alpha}{2}-1$	$\widehat{\alpha}$
0	24·008	2·842	47·124	31	24·485	2·954	48·026
1	23	45	53	32	24·501	58	55
2	39	49	82	33	16	2·961	84
3	54	2·852	47·211	34	32	65	48·113
4	69	56	40	35	47	69	42
5	85	2·860	69	36	62	2·972	71
6	24·100	63	98	37	78	76	48·200
7	16	67	47·328	38	93	2·980	29
8	31	2·870	57	39	24·609	83	58
9	46	74	86	40	24	87	87
10	62	78	47·415	41	40	2·991	48·317
11	77	2·881	44	42	55	94	46
12	93	85	73	43	70	98	75
13	24·208	88	47·502	44	86	3·002	48·404
14	23	2·892	31	45	24·701	6	33
15	39	96	60	46	17	9	62
16	54	99	89	47	32	3·013	91
17	70	2·903	47·618	48	48	17	48·520
18	85	7	47	49	63	3·020	49
19	24·300	2·910	77	50	78	24	78
20	16	14	47·706	51	94	28	48·607
21	31	18	35	52	24·809	3·031	37
22	47	2·921	64	53	25	35	66
23	62	25	93	54	40	39	95
24	77	28	47·822	55	56	3·043	48·724
25	93	2·932	51	56	71	46	53
26	24·408	36	80	57	87	3·050	82
27	24	39	47·909	58	24·902	54	48·811
28	39	2·943	38	59	17	58	40
29	54	47	67	60	33	3·061	69
30	70	2·950	97				

$\alpha = 28°$

Min	$\text{tg}\,\frac{\alpha}{2}$	$\sec\frac{\alpha}{2}-1$	$\widehat{\alpha}$	Min	$\text{tg}\,\frac{\alpha}{2}$	$\sec\frac{\alpha}{2}-1$	$\widehat{\alpha}$
0	24·933	3·061	48·869	31	25·412	3·178	49·771
1	48	65	98	32	28	3·182	49·800
2	64	69	48·927	33	43	86	29
3	79	3·073	56	34	59	3·190	58
4	95	76	86	35	74	94	87
5	25·010	3·080	49·015	36	90	97	49·916
6	26	84	44	37	25·505	3·201	46
7	41	88	73	38	21	5	75
8	56	3·091	49·102	39	36	9	50·004
9	72	95	31	40	52	3·213	33
10	87	99	60	41	67	17	62
11	25·103	3·103	89	42	83	3·221	91
12	18	6	49·218	43	98	24	50·120
13	34	3·110	47	44	25·614	28	49
14	49	14	76	45	29	3·232	78
15	65	18	49·306	46	45	36	50·207
16	80	3·122	35	47	60	3·240	36
17	96	25	64	48	76	44	65
18	25·211	29	93	49	91	47	95
19	27	3·133	49·422	50	25·707	3·251	50·324
20	42	37	51	51	22	55	53
21	58	3·140	80	52	38	59	82
22	73	44	49·509	53	53	3·263	50·411
23	88	48	38	54	69	67	40
24	25·304	3·152	67	55	84	3·271	69
25	19	56	96	56	25·800	75	98
26	35	59	49·626	57	15	78	50·527
27	50	3·163	55	58	31	3·282	56
28	66	67	84	59	46	86	85
29	81	3·171	49·713	60	62	3·290	50·615
30	97	75	42				

$\alpha = 29^\circ$

Min	$tg\frac{\alpha}{2}$	$\sec\frac{\alpha}{2} - 1$	$\widehat{\alpha}$	Min	$tg\frac{\alpha}{2}$	$\sec\frac{\alpha}{2} - 1$	$\widehat{\alpha}$
0	25·862	3·290	50·615	31	26·343	3·412	51·516
1	77	94	44	32	59	16	45
2	93	98	73	33	75	3·420	74
3	25·908	3·302	50·702	34	90	24	51·604
4	24	6	31	35	26·406	28	33
5	39	3·310	60	36	21	3·432	62
6	55	13	89	37	37	36	91
7	70	17	50·818	38	52	3·440	51·720
8	86	3·321	47	39	68	43	49
9	26·002	25	76	40	83	47	78
10	17	29	50·905	41	99	3·451	51·807
11	33	3·333	35	42	26·515	55	36
12	48	37	64	43	30	59	65
13	64	3·341	93	44	46	3·463	94
14	79	45	51·022	45	61	67	51·924
15	95	49	51	46	77	3·471	53
16	26·110	3·353	80	47	92	75	82
17	26	56	51·109	48	26·608	79	52·011
18	41	3·360	38	49	24	3·483	40
19	57	64	67	50	39	87	69
20	72	68	96	51	55	3·491	98
21	88	3·372	51·225	52	70	95	52·127
22	26·203	76	55	53	86	99	56
23	19	3·380	84	54	26·701	3·504	85
24	35	84	51·313	55	17	8	52·214
25	50	88	42	56	33	3·512	44
26	66	3·392	71	57	48	16	73
27	81	96	51·400	58	64	3·520	52·302
28	97	3·400	29	59	79	24	31
29	26·312	4	58	60	95	28	60
30	28	8	87				

$\alpha = 30°$

Min	$tg\frac{\alpha}{2}$	$sec\frac{\alpha}{2}-1$	$\widehat{\alpha}$	Min	$tg\frac{\alpha}{2}$	$sec\frac{\alpha}{2}-1$	$\widehat{\alpha}$
0	26·795	3·528	52·360	31	27·279	3·654	53·262
1	26·811	3·532	89	32	94	58	91
2	26	36	52·418	33	27·310	3·662	53·320
3	42	3·540	47	34	26	66	49
4	57	44	76	35	41	3·670	78
5	73	48	52·505	36	57	75	53·407
6	89	3·552	34	37	72	79	36
7	26·904	56	63	38	88	3·683	65
8	20	3·560	93	39	27·404	87	94
9	35	64	52·622	40	19	3·691	53·523
10	51	68	51	41	35	95	53
11	67	3·572	80	42	51	99	82
12	82	76	52·709	43	66	3·703	53·611
13	98	3·580	38	44	82	8	40
14	27·013	84	67	45	98	3·712	69
15	29	88	96	46	27·513	16	98
16	45	3·593	52·825	47	29	3·720	53·727
17	60	97	54	48	45	24	56
18	76	3·601	83	49	60	28	85
19	91	5	52·913	50	76	3·733	53·814
20	27·107	9	42	51	91	37	43
21	23	3·613	71	52	27·607	3·741	72
22	38	17	53·000	53	23	45	53·902
23	54	3·621	29	54	38	49	31
24	69	25	58	55	54	3·753	60
25	85	29	87	56	70	57	89
26	27·201	3·633	53·116	57	85	3·762	54·018
27	16	38	45	58	27·701	66	47
28	32	3·642	74	59	17	3·770	76
29	47	46	53·203	60	32	74	54·105
30	63	3·650	33				

$\alpha = 31°$

Min	$\operatorname{tg}\frac{\alpha}{2}$	$\sec\frac{\alpha}{2}-1$	$\widehat{\alpha}$	Min	$\operatorname{tg}\frac{\alpha}{2}$	$\sec\frac{\alpha}{2}-1$	$\widehat{\alpha}$
0	27·732	3·774	54·105	31	28·219	3·905	55·007
1	48	78	34	32	34	3·910	36
2	64	3·783	63	33	50	14	65
3	79	87	92	34	66	18	94
4	95	3·791	54·222	35	81	3·922	55·123
5	27·811	95	51	36	97	27	52
6	26	99	80	37	28·313	3·931	81
7	42	3·804	54·309	38	29	35	45·211
8	58	8	38	39	44	39	40
9	73	3·812	67	40	60	3·944	69
10	89	16	96	41	76	48	98
11	27·905	3·820	54·425	42	91	3·952	55·327
12	20	25	54	43	28·407	57	56
13	36	29	83	44	23	3·961	85
14	52	3·833	54·512	45	39	65	55·414
15	67	37	42	46	54	69	43
16	83	3·842	71	47	70	3·974	72
17	99	46	54·600	48	86	78	55·501
18	28·015	3·850	29	49	28·502	3·982	31
19	30	54	58	50	17	87	60
20	46	58	87	51	33	3·991	89
21	62	3·863	54·716	52	49	95	55·618
22	77	67	45	53	64	4·000	47
23	93	3·871	74	54	80	4	76
24	28·109	75	54·803	55	96	8	55·705
25	24	3·880	32	56	28·612	4·013	34
26	40	84	62	57	27	17	63
27	56	88	91	58	43	4·021	92
28	72	3·892	54·920	59	59	26	55·821
29	87	97	49	60	75	4·030	51
30	28·203	3·901	78				

$\alpha = 32°$

Min	$\operatorname{tg}\frac{\alpha}{2}$	$\sec\frac{\alpha}{2}-1$	$\widehat{\alpha}$	Min	$\operatorname{tg}\frac{\alpha}{2}$	$\sec\frac{\alpha}{2}-1$	$\widehat{\alpha}$
0	28·675	4·030	55·851	31	29·163	4·166	56·752
1	90	34	80	32	79	4·170	81
2	28·706	39	55·909	33	95	74	56·810
3	22	4·043	38	34	29·210	79	40
4	38	47	67	35	26	4·183	69
5	53	4·052	96	36	42	88	98
6	69	56	56·025	37	58	4·192	56·927
7	85	4·060	54	38	74	97	56
8	28·801	65	83	39	89	4·201	85
9	16	69	56·112	40	29·305	6	57·014
10	32	4·074	41	41	21	4·210	43
11	48	78	71	42	37	14	72
12	64	4·082	56·200	43	53	19	57·101
13	79	87	29	44	68	4·223	30
14	95	4·091	58	45	84	28	60
15	28·911	95	87	46	29·400	4·232	89
16	27	4·100	56·316	47	16	37	57·218
17	42	4	45	48	32	4·241	47
18	58	8	74	49	47	46	76
19	74	4·113	56·403	50	63	4·250	57·305
20	90	17	32	51	79	55	34
21	29·005	4·122	61	52	95	59	63
22	21	26	90	53	29·511	4·264	92
23	37	4·130	56·520	54	26	68	57·421
24	53	35	49	55	42	4·273	50
25	68	39	78	56	58	77	80
26	84	4·144	56·607	57	74	4·281	57·509
27	29·100	48	36	58	90	86	38
28	16	4·152	65	59	29·605	4·290	67
29	32	57	94	60	21	95	96
30	47	4·161	56·723				

$\alpha = 33°$

Min	$tg\frac{\alpha}{2}$	$\sec\frac{\alpha}{2}-1$	$\widehat{\alpha}$	Min	$tg\frac{\alpha}{2}$	$\sec\frac{\alpha}{2}-1$	$\widehat{\alpha}$
0	29·621	4·295	57·596	31	30·112	4·435	58·498
1	37	99	57·625	32	28	4·440	58·527
2	53	4·304	54	33	44	45	56
3	69	8	83	34	60	49	85
4	85	4·313	57·712	35	76	4·454	58·614
5	29·700	17	41	36	92	58	43
6	16	4·322	70	37	30·208	4·463	72
7	32	26	99	38	24	68	58·701
8	48	4·331	57·829	39	39	4·472	30
9	64	35	58	40	55	77	59
10	80	4·340	87	41	71	4·481	89
11	96	45	57·916	42	87	86	58·818
12	29·811	49	45	43	30·303	4·491	47
13	27	4·354	74	44	19	95	76
14	43	58	58·003	45	35	4·500	58·905
15	59	4·363	32	46	51	4	34
16	75	67	61	47	66	9	63
17	91	4·372	90	48	82	4·514	92
18	29·906	76	58·119	49	98	18	59·021
19	22	4·381	49	50	30·414	4·523	50
20	38	85	78	51	30	27	79
21	54	4·390	58·207	52	46	4·532	59·108
22	70	94	36	53	62	37	38
23	86	99	65	54	78	4·541	67
24	30·001	4·404	94	55	94	46	96
25	17	8	58·323	56	30·510	4·551	59·225
26	33	4·413	52	57	25	55	54
27	49	17	81	58	41	4·560	83
28	65	4·422	58·410	59	57	64	59·312
29	81	26	39	60	73	69	41
30	97	4·431	69				

$\alpha = 34°$

Min	$tg\frac{\alpha}{2}$	$sec\frac{\alpha}{2}-1$	$\widehat{\alpha}$	Min	$tg\frac{\alpha}{2}$	$sec\frac{\alpha}{2}-1$	$\widehat{\alpha}$
0	30·573	4·569	59·341	31	31·067	4·715	60·243
1	89	4·574	70	32	83	19	72
2	30·605	78	99	33	99	4·724	60·301
3	21	4·583	59·428	34	31·115	29	30
4	37	88	58	35	31	4·734	59
5	53	4·592	87	36	47	38	88
6	69	97	59·516	37	63	4·743	60·417
7	84	4·602	45	38	78	48	47
8	30·700	7	74	39	94	4·753	76
9	16	4·611	59·603	40	31·210	57	60·505
10	32	16	32	41	26	4·762	34
11	48	4·621	61	42	42	67	63
12	64	25	90	43	58	4·772	92
13	80	4·630	59·719	44	74	76	60·621
14	96	35	48	45	90	4·781	50
15	30·812	39	78	46	31·306	86	79
16	28	4·644	59·807	47	22	4·791	60·708
17	44	49	36	48	38	95	37
18	60	4·653	65	49	54	4·800	67
19	76	58	94	50	70	5	96
20	91	4·663	59·923	51	86	4·810	60·825
21	30·907	67	52	52	31·402	15	54
22	23	4·672	81	53	18	19	83
23	39	77	60·010	54	34	4·824	60·912
24	55	4·682	39	55	50	29	41
25	71	86	68	56	66	4·834	70
26	87	4·691	98	57	82	39	99
27	31·003	96	60·127	58	98	4·843	61·028
28	19	4·700	56	59	31·514	48	57
29	35	5	85	60	30	4·853	87
30	51	4·710	60·214				

$\alpha = 35°$

Min	$\operatorname{tg}\frac{\alpha}{2}$	$\sec\frac{\alpha}{2}-1$	$\widehat{\alpha}$	Min	$\operatorname{tg}\frac{\alpha}{2}$	$\sec\frac{\alpha}{2}-1$	$\widehat{\alpha}$
0	31·530	4·853	61·087	31	32·026	5·003	61·988
1	46	58	61·116	32	42	8	62·017
2	62	63	45	33	58	13	46
3	78	67	74	34	74	18	76
4	94	72	61·203	35	90	23	62·105
5	31·610	77	32	36	32·106	28	34
6	26	82	61	37	22	33	62
7	42	87	90	38	39	38	92
8	58	92	61·319	39	55	42	62·221
9	74	96	48	40	71	47	50
10	90	4·901	77	41	87	52	79
11	31·706	6	61·407	42	32·203	57	62·308
12	22	11	36	43	19	62	37
13	38	16	65	44	35	67	66
14	54	21	94	45	51	72	96
15	70	25	61·523	46	67	77	62·425
16	86	30	52	47	83	82	54
17	31·802	35	81	48	99	87	83
18	18	40	61·610	49	32·315	92	62·512
19	34	45	39	50	31	97	41
20	50	50	68	51	47	5·102	70
21	66	54	97	52	63	7	99
22	82	59	61·726	53	80	11	62·628
23	98	64	56	54	96	16	57
24	31·914	69	85	55	32·412	21	86
25	30	74	61·814	56	28	26	62·715
26	46	79	43	57	44	31	45
27	62	84	72	58	60	36	74
28	78	89	61·901	59	76	41	62·803
29	94	93	30	60	92	46	32
30	32·010	98	59				

$\alpha = 36°$

Min	$tg\frac{\alpha}{2}$	$\sec\frac{\alpha}{2}-1$	$\widehat{\alpha}$	Min	$tg\frac{\alpha}{2}$	$\sec\frac{\alpha}{2}-1$	$\widehat{\alpha}$
0	32·492	5·146	62·832	31	32·991	5·302	63·734
1	32·508	51	61	32	33·007	7	63
2	24	56	90	33	23	12	92
3	40	61	62·919	34	40	17	63·821
4	56	66	48	35	56	22	50
5	72	71	77	36	72	27	79
6	89	76	63·006	37	88	32	63·908
7	32·605	81	35	38	33·104	37	37
8	21	86	65	39	20	42	66
9	37	91	94	40	36	47	95
10	53	96	63·123	41	53	52	64·024
11	69	5·201	52	42	69	57	54
12	85	6	81	43	85	62	83
13	32·701	11	63·210	44	33·201	68	64·112
14	17	16	39	45	17	73	41
15	33	21	68	46	33	78	70
16	49	26	97	47	49	83	99
17	66	31	63·326	48	66	88	64·228
18	82	36	55	49	82	93	57
19	98	41	85	50	98	98	86
20	32·814	46	63·414	51	33·314	5·403	64·315
21	30	51	43	52	30	8	44
22	46	56	72	53	46	13	74
23	62	61	63·501	54	63	19	64·403
24	78	66	30	55	79	24	32
25	94	71	59	56	95	29	61
26	32·911	76	88	57	33·411	34	90
27	27	81	63·617	58	27	39	64·519
28	43	86	46	59	43	44	48
29	59	92	75	60	60	49	77
30	75	97	63·705				

$\alpha = 37°$

Min	$tg\frac{\alpha}{2}$	$\sec\frac{\alpha}{2}-1$	$\widehat{\alpha}$	Min	$tg\frac{\alpha}{2}$	$\sec\frac{\alpha}{2}-1$	$\widehat{\alpha}$
0	33·460	5·449	64·577	31	33·962	5·610	65·479
1	76	54	64·606	32	78	15	65·508
2	92	59	35	33	94	20	37
3	33·508	65	64	34	34·010	25	66
4	24	70	94	35	27	30	95
5	40	75	64·723	36	43	36	65·624
6	57	80	52	37	59	41	53
7	73	85	81	38	75	46	83
8	89	90	64·810	39	91	51	65·712
9	33·605	96	39	40	34·108	57	41
10	21	5·501	68	41	24	62	70
11	38	6	97	42	40	67	99
12	54	11	64·926	43	56	73	65·828
13	70	16	55	44	73	78	57
14	86	21	84	45	89	83	86
15	33·702	27	65·014	46	34·205	88	65·915
16	19	32	43	47	21	94	44
17	35	37	72	48	38	99	73
18	51	42	65·101	49	54	5·704	66·003
19	67	47	30	50	70	9	32
20	83	52	59	51	86	15	61
21	33·800	58	88	52	34·303	20	90
22	16	63	65·217	53	19	25	66·119
23	32	68	46	54	35	30	48
24	48	73	75	55	51	36	77
25	64	78	65·304	56	68	41	66·206
26	81	84	33	57	84	46	35
27	97	89	63	58	34·400	52	64
28	33·913	94	92	59	17	57	93
29	29	99	65·421	60	33	62	66·323
30	45	5·604	50				

$\alpha = 38°$

Min	$\mathrm{tg}\,\frac{\alpha}{2}$	$\sec\frac{\alpha}{2}-1$	$\widehat{\alpha}$	Min	$\mathrm{tg}\,\frac{\alpha}{2}$	$\sec\frac{\alpha}{2}-1$	$\widehat{\alpha}$
0	34·433	5·762	66·323	31	34·938	5·928	67·224
1	49	67	52	32	54	33	53
2	65	73	81	33	71	38	82
3	82	78	66·410	34	87	44	67·312
4	98	83	39	35	35·003	49	41
5	34·514	89	68	36	20	55	70
6	30	94	97	37	36	60	99
7	47	99	66·526	38	52	65	67·428
8	63	5·805	55	39	69	71	57
9	79	10	84	40	85	76	86
10	96	15	66·613	41	35·101	82	67·515
11	34·612	21	42	42	18	87	44
12	28	26	72	43	34	92	73
13	44	31	66·701	44	50	98	67·602
14	61	37	30	45	67	6·003	32
15	77	42	59	46	83	9	61
16	93	47	88	47	99	14	90
17	34·710	53	66·817	48	35·216	20	67·719
18	26	58	46	49	32	25	48
19	42	63	75	50	48	30	77
20	59	69	66·904	51	65	36	67·806
21	75	74	33	52	81	41	35
22	91	79	62	53	97	47	64
23	34·807	85	92	54	35·314	52	93
24	24	90	67·021	55	30	58	67·922
25	40	95	50	56	46	63	51
26	56	5·901	79	57	63	69	81
27	73	6	67·108	58	79	74	68·010
28	89	11	37	59	95	79	39
29	34·905	17	66	60	35·412	85	68
30	22	22	95				

$\alpha = 39°$

Min	$tg\frac{\alpha}{2}$	$\sec\frac{\alpha}{2}-1$	$\widehat{\alpha}$	Min	$tg\frac{\alpha}{2}$	$\sec\frac{\alpha}{2}-1$	$\widehat{\alpha}$
0	35·412	6·085	68·068	31	35·920	6·256	68·970
1	28	90	97	32	37	61	99
2	45	96	68·126	33	53	67	69·028
3	61	6·101	55	34	69	72	57
4	77	7	84	35	86	78	86
5	94	12	68·213	36	36·002	83	69·115
6	35·510	18	42	37	19	89	44
7	27	23	71	38	35	95	73
8	43	29	68·301	39	52	6·300	69·202
9	59	34	30	40	68	6	31
10	76	40	59	41	84	11	60
11	92	45	88	42	36·101	17	90
12	35·608	51	68·417	43	17	22	69·319
13	25	56	46	44	34	28	48
14	41	62	75	45	50	34	77
15	58	67	68·504	46	67	39	69·406
16	74	73	33	47	83	45	35
17	90	78	62	48	36·200	50	64
18	35·707	84	91	49	16	56	93
19	23	89	68·621	50	32	62	69·522
20	40	95	50	51	49	67	51
21	56	6·200	79	52	65	73	80
22	72	6	68·708	53	82	78	69·610
23	89	11	37	54	98	84	39
24	35·805	17	66	55	36·315	90	68
25	22	22	95	56	31	95	97
26	38	28	68·824	57	48	6·401	69·726
27	54	33	53	58	64	7	55
28	71	39	82	59	81	12	84
29	87	44	68·911	60	97	18	69·813
30	35·904	50	41				

$\alpha = 40°$

Min	$tg\frac{\alpha}{2}$	$\sec\frac{\alpha}{2}-1$	$\widehat{\alpha}$	Min	$tg\frac{\alpha}{2}$	$\sec\frac{\alpha}{2}-1$	$\widehat{\alpha}$
0	36·397	6·418	69·813	31	36·909	6·594	70·715
1	36·413	24	42	32	25	6·600	44
2	30	29	71	33	42	5	73
3	46	35	69·900	34	58	11	70·802
4	63	40	30	35	75	17	31
5	79	46	59	36	91	22	60
6	96	52	88	37	37·008	28	89
7	36·512	57	70·017	38	24	34	70·919
8	29	63	46	39	41	40	48
9	45	69	75	40	57	45	77
10	62	74	70·104	41	74	51	71·006
11	78	80	33	42	90	57	35
12	95	86	62	43	37·107	63	64
13	36·611	91	91	44	23	68	93
14	28	97	70·220	45	40	74	71·122
15	44	6·503	50	46	57	80	51
16	61	8	79	47	73	86	80
17	77	14	70·308	48	90	92	71·209
18	94	20	37	49	37·206	97	39
19	36·710	25	66	50	23	6·703	68
20	27	31	95	51	39	9	97
21	43	37	70·424	52	56	15	71·326
22	60	42	53	53	72	20	55
23	76	48	82	54	89	26	84
24	93	54	70·511	55	37·306	32	71·413
25	36·809	60	40	56	22	38	42
26	26	65	69	57	39	44	71
27	42	71	99	58	55	49	71·500
28	59	77	70·628	59	72	55	29
29	75	82	57	60	88	61	58
30	92	88	86				

$\alpha = 41^\circ$

Min	$\operatorname{tg}\frac{\alpha}{2}$	$\sec\frac{\alpha}{2}-1$	$\widehat{\alpha}$	Min	$\operatorname{tg}\frac{\alpha}{2}$	$\sec\frac{\alpha}{2}-1$	$\widehat{\alpha}$
0	37·388	6·761	71·558	31	37·903	6·942	72·460
1	37·405	67	88	32	20	48	89
2	22	73	71·617	33	37	54	72·518
3	38	78	46	34	53	60	48
4	55	84	75	35	70	66	77
5	71	90	71·704	36	86	72	72·606
6	88	96	33	37	38·003	78	35
7	37·505	6·802	62	38	20	84	64
8	21	8	91	39	36	90	93
9	38	13	71·820	40	53	96	72·722
10	54	19	49	41	70	7·001	51
11	71	25	78	42	86	7	80
12	88	31	71·908	43	38·103	13	72·809
13	37·604	37	37	44	20	19	38
14	21	43	66	45	36	25	67
15	37	48	95	46	53	31	97
16	54	54	72·024	47	70	37	72·926
17	71	60	53	48	86	43	55
18	87	66	82	49	38·203	49	84
19	37·704	72	72·111	50	20	55	73·013
20	20	78	40	51	36	61	42
21	37	83	69	52	53	67	71
22	54	89	98	53	70	73	73·100
23	70	95	72·228	54	86	79	29
24	87	6·901	57	55	38·303	85	58
25	37·804	7	86	56	20	91	87
26	20	13	72·315	57	36	97	73·217
27	37	19	44	58	53	7·103	46
28	53	25	73	59	70	9	75
29	70	30	72·402	60	86	15	73·304
30	87	36	31				

$\alpha = 42^\circ$

Min	$tg \frac{\alpha}{2}$	$sec \frac{\alpha}{2} - 1$	$\widehat{\alpha}$	Min	$tg \frac{\alpha}{2}$	$sec \frac{\alpha}{2} - 1$	$\widehat{\alpha}$
0	38·386	7·115	73·304	31	38·905	7·301	74·206
1	38·403	21	33	32	21	7	35
2	20	27	62	33	38	13	64
3	36	33	91	34	55	20	93
4	53	39	73·420	35	72	26	74·322
5	70	44	49	36	88	32	51
6	87	50	78	37	39·005	38	80
7	38·503	56	73·507	38	22	44	74·409
8	20	62	37	39	39	50	38
9	37	68	66	40	55	56	67
10	53	74	95	41	72	62	96
11	70	81	73·624	42	89	68	74·526
12	87	87	53	43	39·106	74	55
13	38·603	93	82	44	23	81	84
14	20	99	73·711	45	39	87	74·613
15	37	7·205	40	46	56	93	42
16	54	11	69	47	73	99	71
17	70	17	98	48	90	7·405	74·700
18	87	23	73·827	49	39·206	11	29
19	38·704	29	57	50	23	17	58
20	21	35	86	51	40	23	87
21	37	41	73·915	52	57	30	74·816
22	54	47	44	53	74	36	46
23	71	53	73	54	90	42	75
24	87	59	74·002	55	39·307	48	74·904
25	38·804	65	31	56	24	54	33
26	21	71	60	57	41	60	62
27	38	77	89	58	57	66	91
28	54	83	74·118	59	74	73	75·020
29	71	89	47	60	91	79	49
30	88	95	76				

$\alpha = 43°$

Min	$tg \frac{\alpha}{2}$	$sec \frac{\alpha}{2} - 1$	$\widehat{\alpha}$	Min	$tg \frac{\alpha}{2}$	$sec \frac{\alpha}{2} - 1$	α
0	39·391	7·479	75·049	31	39·913	7·671	75·951
1	39·408	85	78	32	30	77	80
2	25	91	75·107	33	47	84	76·009
3	41	97	36	34	63	90	38
4	58	7·503	66	35	80	96	67
5	75	10	95	36	97	7·702	96
6	92	16	75·224	37	40·014	9	76·125
7	39·509	22	53	38	31	15	55
8	26	28	82	39	48	21	84
9	42	34	75·311	40	65	27	76·213
10	59	40	40	41	82	34	42
11	76	47	69	42	98	40	71
12	93	53	98	43	40·115	46	76·300
13	39·610	59	75·427	44	32	53	29
14	26	65	56	45	49	59	58
15	43	71	85	46	66	65	87
16	60	78	75·515	47	83	71	76·416
17	77	84	44	48	40·200	78	45
18	94	90	73	49	17	84	75
19	39·711	96	75·602	50	34	90	76·504
20	28	7·602	31	51	50	97	33
21	44	9	60	52	67	7·803	62
22	61	15	89	53	84	9	91
23	78	21	75·718	54	40·301	15	76·620
24	95	27	47	55	18	22	49
25	39·812	34	76	56	35	28	78
26	29	40	75·805	57	52	34	76·707
27	45	46	35	58	69	41	36
28	62	52	64	59	86	47	65
29	79	59	93	60	40·403	53	94
30	96	65	75·922				

$\alpha = 44°$

Min	$\mathrm{tg}\frac{\alpha}{2}$	$\sec\frac{\alpha}{2}-1$	$\widehat{\alpha}$	Min	$\mathrm{tg}\frac{\alpha}{2}$	$\sec\frac{\alpha}{2}-1$	$\widehat{\alpha}$
0	40·403	7·853	76·794	31	40·928	8·051	77·696
1	20	60	76·824	32	45	58	77·725
2	37	66	53	33	62	64	54
3	53	72	82	34	79	71	84
4	70	79	76·911	35	96	77	77·813
5	87	85	40	36	41·013	84	42
6	40·504	92	69	37	30	90	71
7	21	98	98	38	47	97	77·900
8	38	7·904	77·027	39	64	8·103	29
9	55	11	56	40	81	9	58
10	72	17	85	41	98	16	87
11	89	23	77·114	42	41·115	22	78·016
12	40·606	30	44	43	32	29	45
13	23	36	73	44	49	35	74
14	40	43	77·202	45	66	42	78·103
15	57	49	31	46	83	48	33
16	74	55	60	47	41·200	55	62
17	91	62	89	48	17	61	91
18	40·708	68	77·318	49	34	68	78·220
19	24	74	47	50	51	74	49
20	41	81	76	51	68	81	78
21	58	87	77·405	52	85	87	78·307
22	75	94	34	53	41·302	94	36
23	92	8·000	64	54	19	8·200	65
24	40·809	7	93	55	36	7	94
25	26	13	77·522	56	53	13	78·423
26	43	19	51	57	70	20	53
27	60	26	80	58	87	26	82
28	77	32	77·609	59	41·404	33	78·511
29	94	39	38	60	21	39	40
30	40·911	45	67				

$\alpha = 45°$

Min	$tg\frac{\alpha}{2}$	$\sec\frac{\alpha}{2} - 1$	$\widehat{\alpha}$	Min	$tg\frac{\alpha}{2}$	$\sec\frac{\alpha}{2} - 1$	$\widehat{\alpha}$
0	41·421	8·239	78·540	31	41·951	8·443	79·442
1	38	46	69	32	68	49	71
2	55	52	98	33	85	56	79·500
3	72	59	78·627	34	42·002	63	29
4	89	65	56	35	19	69	58
5	41·507	72	85	36	36	76	87
6	24	78	78·714	37	53	83	79·616
7	41	85	43	38	70	89	45
8	58	92	73	39	87	96	74
9	75	98	78·802	40	42·105	8·503	79·703
10	92	8·305	31	41	22	9	32
11	41·609	11	60	42	39	16	62
12	26	18	89	43	56	23	91
13	43	24	78·918	44	73	29	79·820
14	60	31	47	45	90	36	49
15	77	37	76	46	42·207	42	78
16	94	44	79·005	47	25	49	79·907
17	41·711	51	34	48	42	56	36
18	28	57	63	49	59	63	65
19	45	64	93	50	76	69	94
20	63	70	79·122	51	93	76	80·023
21	80	77	51	52	42·310	83	52
22	97	83	80	53	27	89	82
23	41·814	90	79·209	54	44	96	80·111
24	31	97	38	55	62	8·603	40
25	48	8·403	67	56	79	9	69
26	65	10	96	57	96	16	98
27	82	16	79·325	58	42·413	23	80·227
28	99	23	54	59	30	29	56
29	41·916	30	83	60	47	36	85
30	33	36	79·412				

$\alpha = 46°$

Min	$tg\frac{\alpha}{2}$	$sec\frac{\alpha}{2}-1$	$\widehat{\alpha}$	Min	$tg\frac{\alpha}{2}$	$sec\frac{\alpha}{2}-1$	$\widehat{\alpha}$
0	42·447	8·636	80·285	31	42·981	8·846	81·187
1	65	43	80·314	32	98	52	81·216
2	82	50	43	33	43·015	59	45
3	99	56	72	34	32	66	74
4	42·516	63	80·402	35	50	73	81·303
5	33	70	31	36	67	80	32
6	50	76	60	37	84	86	61
7	68	83	89	38	43·101	93	91
8	85	90	80·518	39	18	8·900	81·420
9	42·602	97	47	40	36	7	49
10	19	8·703	76	41	53	14	78
11	36	10	80·605	42	70	21	81·507
12	54	17	34	43	88	27	36
13	71	24	63	44	43·205	34	65
14	88	30	92	45	22	41	94
15	42·705	37	80·721	46	39	48	81·623
16	22	44	51	47	57	55	52
17	40	51	80	48	74	62	81
18	57	57	80·809	49	91	69	81·710
19	74	64	38	50	43·308	75	30
20	91	71	67	51	26	82	69
21	42·808	78	96	52	43	89	98
22	26	84	80·925	53	60	96	81·827
23	43	91	54	54	77	9·003	56
24	60	98	83	55	95	10	85
25	77	8·805	81·012	56	43·412	17	81·914
26	94	12	41	57	29	23	43
27	42·912	18	71	58	47	30	72
28	29	25	81·100	59	64	37	82·001
29	46	32	29	60	81	44	30
30	63	39	58				

$\alpha = 47^\circ$

Min	$tg\frac{\alpha}{2}$	$sec\frac{\alpha}{2}-1$	$\widehat{\alpha}$	Min	$tg\frac{\alpha}{2}$	$sec\frac{\alpha}{2}-1$	$\widehat{\alpha}$
0	43·481	9·044	82·030	31	44·018	9·259	82·932
1	98	51	60	32	36	66	61
2	43·516	58	89	33	53	73	90
3	33	65	82·118	34	71	80	83·029
4	50	72	47	35	88	87	49
5	68	79	76	36	44·105	94	78
6	85	86	82·205	37	23	9·301	83·107
7	43·602	93	34	38	40	9	36
8	20	99	63	39	57	16	65
9	37	9·106	92	40	75	23	94
10	54	13	82·321	41	92	30	83·223
11	72	20	50	42	44·210	37	52
12	89	27	80	43	27	44	81
13	43·706	34	82·409	44	44	51	83·310
14	24	41	38	45	62	58	49
15	41	48	67	46	79	65	69
16	58	55	96	47	97	72	98
17	76	62	82·525	48	44·314	79	83·427
18	93	69	54	49	31	86	56
19	43·810	76	83	50	49	93	85
20	28	83	82·612	51	66	9·400	83·514
21	45	90	41	52	84	7	43
22	62	97	70	53	44·401	14	72
23	80	9·204	82·700	54	18	21	83·601
24	97	10	29	55	36	28	30
25	43·914	17	58	56	53	35	59
26	32	24	87	57	71	42	89
27	49	31	82·816	58	88	50	83·718
28	66	38	45	59	44·505	57	47
29	84	45	74	60	23	64	76
30	44·001	52	82·903				

$\alpha = 48°$

Min	$\operatorname{tg}\frac{\alpha}{2}$	$\sec\frac{\alpha}{2}-1$	$\widehat{\alpha}$	Min	$\operatorname{tg}\frac{\alpha}{2}$	$\sec\frac{\alpha}{2}-1$	$\widehat{\alpha}$
0	44·523	9·464	83·776	31	45·064	9·685	84·678
1	40	71	83·805	32	82	92	84·707
2	58	78	34	33	99	99	36
3	75	85	63	34	45·117	9·707	65
4	93	92	92	35	34	14	94
5	44·610	99	83·921	36	52	21	84·823
6	28	9·506	50	37	69	28	52
7	45	13	79	38	87	35	81
8	62	20	84·009	39	45·204	43	84·910
9	80	28	38	40	22	50	39
10	97	35	67	41	39	57	68
11	44·715	42	96	42	57	64	98
12	32	49	84·125	43	74	71	85·027
13	50	56	54	44	92	79	56
14	67	63	83	45	45·309	86	85
15	85	70	84·212	46	27	93	85·114
16	44·802	78	41	47	45	9·800	43
17	20	85	70	48	62	8	72
18	37	92	99	49	80	15	85·201
19	54	99	84·328	50	97	22	30
20	72	9·606	58	51	45·415	29	59
21	89	13	87	52	32	37	88
22	44·907	20	84·416	53	50	44	85·318
23	24	28	45	54	67	51	47
24	42	35	74	55	85	58	76
25	59	42	84·503	56	45·502	66	85·405
26	77	49	32	57	20	73	34
27	94	56	61	58	38	80	63
28	45·012	63	90	59	55	88	92
29	29	71	84·619	60	73	95	85·521
30	47	78	48				

$\alpha = 49°$

Min	$tg\frac{\alpha}{2}$	$\sec\frac{\alpha}{2}-1$	$\widehat{\alpha}$	Min	$tg\frac{\alpha}{2}$	$\sec\frac{\alpha}{2}-1$	$\widehat{\alpha}$
0	45·573	9·895	85·521	31	46·118	10·122	86·423
1	90	9·902	50	32	36	30	52
2	45·608	9	79	33	54	37	81
3	25	17	85·608	34	71	44	86·510
4	43	24	37	35	89	52	39
5	61	31	67	36	46·207	59	68
6	78	39	96	37	24	67	97
7	96	46	85·725	38	42	74	86·627
8	45·713	53	54	39	59	81	56
9	31	61	83	40	77	89	85
10	48	68	85·812	41	95	96	86·714
11	66	75	41	42	46·312	10·204	43
12	84	82	70	43	30	11	72
13	45·801	90	99	44	48	19	86·801
14	19	97	85·928	45	65	26	30
15	36	10·004	57	46	83	33	59
16	54	12	87	47	46·401	41	88
17	72	19	86·016	48	19	48	86·917
18	89	26	45	49	36	56	46
19	45·907	34	74	50	54	63	76
20	24	41	86·103	51	72	71	87·005
21	42	49	32	52	89	78	34
22	60	56	61	53	46·507	86	63
23	77	63	90	54	25	93	92
24	95	71	86·219	55	42	10·300	87·121
25	46·013	78	48	56	60	8	50
26	30	85	77	57	78	15	79
27	48	93	86·307	58	95	23	87·208
28	65	10·100	36	59	46·613	30	37
29	83	7	65	60	31	38	66
30	46·101	15	94				

$\alpha = 50°$

Min	$\operatorname{tg}\frac{\alpha}{2}$	$\sec\frac{\alpha}{2}-1$	$\widehat{\alpha}$	Min	$\operatorname{tg}\frac{\alpha}{2}$	$\sec\frac{\alpha}{2}-1$	$\widehat{\alpha}$
0	46·631	10·338	87·266	31	47·181	10·571	88·168
1	49	45	96	32	99	79	97
2	66	53	87·325	33	47·216	87	88·226
3	84	60	54	34	34	94	55
4	46·702	68	83	35	52	10·602	85
5	19	75	87·412	36	70	9	88·314
6	37	83	41	37	88	17	43
7	55	90	70	38	47·305	25	72
8	73	98	99	39	23	32	88·401
9	90	10·405	87·528	40	41	40	30
10	46·808	13	57	41	59	47	59
11	26	20	86	42	77	55	88
12	43	28	87·616	43	94	63	88·517
13	61	35	45	44	47·412	70	46
14	79	43	74	45	30	78	75
15	97	50	87·703	46	48	86	88·605
16	46·914	58	32	47	66	93	34
17	32	65	61	48	84	10·701	63
18	50	73	90	49	47·501	9	92
19	68	81	87·819	50	19	16	88·721
20	85	88	48	51	37	24	50
21	47·003	96	77	52	55	32	79
22	21	10·503	87·906	53	73	39	88·808
23	39	11	36	54	91	47	37
24	56	18	65	55	47·608	55	66
25	74	26	94	56	26	62	95
26	92	34	88·023	57	44	70	88·925
27	47·110	41	52	58	62	78	54
28	27	49	81	59	80	85	83
29	45	56	88·110	60	98	93	89·012
30	63	64	39				

$\alpha = 51^\circ$

Min	$\mathrm{tg}\,\frac{\alpha}{2}$	$\sec\frac{\alpha}{2}-1$	$\widehat{\alpha}$	Min	$\mathrm{tg}\,\frac{\alpha}{2}$	$\sec\frac{\alpha}{2}-1$	$\widehat{\alpha}$
0	47·697	10·793	89·012	31	48·252	11·033	89·914
1	47·715	10·801	41	32	70	41	43
2	33	8	70	33	88	48	72
3	51	16	99	34	48·306	56	90·001
4	69	24	89·128	35	24	64	30
5	87	31	57	36	42	72	59
6	47·805	39	86	37	60	80	88
7	23	47	89·215	38	78	87	90·117
8	41	54	45	39	96	95	46
9	58	62	74	40	48·414	11·103	75
10	76	70	89·303	41	32	11	90·204
11	94	78	32	42	50	19	34
12	47·912	85	61	43	68	27	63
13	30	93	90	44	86	34	92
14	48	10·901	89·419	45	48·504	42	90·321
15	66	9	48	46	21	50	50
16	84	16	77	47	39	58	79
17	48·001	24	89·506	48	57	66	90·408
18	19	32	35	49	75	74	37
19	37	40	64	50	93	81	66
20	55	47	94	51	48·611	89	95
21	73	55	89·623	52	29	97	90·524
22	91	63	52	53	47	11·205	53
23	48·109	71	81	54	65	13	83
24	27	78	89·710	55	83	21	90·612
25	45	86	39	56	48·701	29	41
26	63	94	68	57	19	36	70
27	80	11·002	97	58	37	44	99
28	98	9	89·826	59	55	52	90·728
29	48·216	17	55	60	73	60	57
30	34	25	84				

$\alpha = 52°$

Min	$\mathrm{tg}\frac{\alpha}{2}$	$\sec\frac{\alpha}{2}-1$	$\widehat{\alpha}$	Min	$\mathrm{tg}\frac{\alpha}{2}$	$\sec\frac{\alpha}{2}-1$	$\widehat{\alpha}$
0	48·773	11·260	90·757	31	49·333	11·507	91·659
1	91	68	86	32	51	15	88
2	48·809	76	90·815	33	69	23	91·717
3	27	84	44	34	87	31	46
4	45	92	73	35	49·405	39	75
5	63	11·300	90·903	36	23	47	91·804
6	81	8	32	37	41	55	33
7	99	16	61	38	59	63	62
8	48·917	23	90	39	77	71	92
9	35	31	91·019	40	96	79	91·921
10	53	39	48	41	49·514	87	50
11	72	47	77	42	32	95	79
12	90	55	91·106	43	50	11·603	92·008
13	49·008	63	35	44	68	11	37
14	26	71	64	45	86	19	66
15	44	79	93	46	49·604	27	95
16	62	87	91·223	47	22	35	92·124
17	80	95	52	48	40	43	53
18	98	11·403	81	49	59	51	82
19	49·116	11	91·310	50	77	59	92·212
20	34	19	39	51	95	67	41
21	52	27	68	52	49·713	75	70
22	70	35	97	53	31	83	99
23	88	43	91·426	54	49	92	92·328
24	49·206	51	55	55	67	11·700	57
25	24	59	84	56	86	8	86
26	42	67	91·513	57	49·804	16	92·415
27	60	75	43	58	22	24	44
28	78	83	72	59	40	32	73
29	97	91	91·601	60	58	40	92·502
30	49·315	99	30				

$\alpha = 53^\circ$

Min	$\mathrm{tg}\frac{\alpha}{2}$	$\sec\frac{\alpha}{2}-1$	α	Min	$\mathrm{tg}\frac{\alpha}{2}$	$\sec\frac{\alpha}{2}-1$	$\widehat{\alpha}$
0	49·858	11·740	92·502	31	50·422	11·993	93·404
1	76	48	32	32	41	12·001	33
2	94	56	61	33	59	9	62
3	49·913	64	90	34	77	18	91
4	31	73	92·619	35	95	26	93·521
5	49	81	48	36	50·514	34	50
6	67	89	77	37	32	42	79
7	85	97	92·706	38	50	51	93·608
8	50·004	11·805	35	39	68	59	37
9	22	13	64	40	87	67	66
10	40	21	93	41	50·605	75	95
11	58	29	92·822	42	23	84	93·724
12	76	38	52	43	42	92	53
13	95	46	81	44	60	12·100	82
14	50·113	54	92·910	45	78	8	93·811
15	31	62	39	46	96	17	41
16	49	70	68	47	50·715	25	70
17	67	78	97	48	33	33	99
18	86	86	93·026	49	51	41	93·928
19	50·204	95	55	50	70	50	57
20	22	11·903	84	51	88	58	86
21	40	11	93·113	52	50·806	66	94·015
22	58	19	42	53	24	75	44
23	77	27	71	54	43	83	73
24	95	36	93·201	55	61	91	94·102
25	50·313	44	30	56	79	99	31
26	31	52	59	57	98	12·208	61
27	49	60	88	58	50·916	16	90
28	68	68	93·317	59	34	24	94·219
29	86	77	46	60	53	33	48
30	50·404	85	75				

$\alpha = 54°$

Min	$tg \frac{\alpha}{2}$	$\sec \frac{\alpha}{2} - 1$	$\widehat{\alpha}$	Min	$tg \frac{\alpha}{2}$	$\sec \frac{\alpha}{2} - 1$	$\widehat{\alpha}$
0	50·953	12·233	94·248	31	51·522	12·492	95·150
1	71	41	77	32	40	12·501	79
2	89	49	94·306	33	59	9	95·208
3	51·008	58	35	34	77	18	37
4	26	66	64	35	95	26	66
5	44	74	93	36	51·614	34	95
6	63	83	94·422	37	32	43	95·324
7	81	91	51	38	51	51	53
8	99	99	80	39	69	60	82
9	51·118	12·308	94·510	40	88	68	95·411
10	36	16	39	41	51·706	77	40
11	54	24	68	42	24	85	70
12	73	33	97	43	43	94	99
13	91	41	94·626	44	61	12·602	95·528
14	51·209	49	55	45	80	11	57
15	28	58	84	46	98	19	86
16	46	66	94·713	47	51·817	28	95·615
17	64	75	42	48	35	36	44
18	83	83	71	49	54	45	73
19	51·301	91	94·800	50	72	53	95·702
20	20	12·400	30	51	91	62	31
21	38	8	59	52	51·909	70	60
22	56	17	88	53	27	79	99
23	75	25	94·917	54	46	87	95·819
24	93	33	46	55	64	96	48
25	51·411	42	75	56	83	12·704	77
26	30	50	95·004	57	52·001	13	95·906
27	48	59	33	58	20	21	35
28	67	67	62	59	38	30	64
29	85	75	91	60	57	38	93
30	51·503	84	95·120				

$\alpha = 55^\circ$

Min	$\operatorname{tg}\frac{\alpha}{2}$	$\sec\frac{\alpha}{2}-1$	$\widehat{\alpha}$	Min	$\operatorname{tg}\frac{\alpha}{2}$	$\sec\frac{\alpha}{2}-1$	$\widehat{\alpha}$
0	52·057	12·738	95·993	31	52·631	13·005	96·895
1	75	47	96·022	32	50	13	96·924
2	94	55	51	33	68	22	53
3	52·112	64	80	34	87	31	82
4	31	72	96·109	35	52·705	39	97·011
5	49	81	39	36	24	48	40
6	68	90	68	37	43	57	69
7	86	98	97	38	61	65	98
8	52·205	12·807	96·226	39	80	74	97·128
9	23	15	55	40	98	83	57
10	42	24	84	41	52·817	91	86
11	60	32	96·313	42	36	13·100	97·215
12	79	41	42	43	54	9	44
13	97	50	71	44	73	17	73
14	52·316	58	96·400	45	91	26	97·302
15	34	67	29	46	52·910	35	31
16	53	75	59	47	29	44	60
17	71	84	88	48	47	52	89
18	90	92	96·517	49	66	61	97·418
19	52·408	12·901	46	50	85	70	48
20	27	10	75	51	53·003	78	77
21	46	18	96·604	52	22	87	97·506
22	64	27	33	53	40	96	35
23	83	36	62	54	59	13·205	64
24	52·501	44	91	55	78	13	93
25	20	53	96·720	56	96	22	97·622
26	38	61	49	57	53·115	31	51
27	57	70	79	58	34	40	80
28	75	79	96·808	59	52	48	97·709
29	94	87	37	60	71	57	38
30	52·613	96	66				

$\alpha = 56°$

Min	$tg\frac{\alpha}{2}$	$sec\frac{\alpha}{2}-1$	$\widehat{\alpha}$	Min	$tg\frac{\alpha}{2}$	$sec\frac{\alpha}{2}-1$	$\widehat{\alpha}$
0	53·171	13·257	97·738	31	53·751	13·530	98·640
1	90	66	68	32	69	39	69
2	53·208	75	97	33	88	48	98
3	27	83	97·826	34	53·807	57	98·727
4	46	92	55	35	26	66	57
5	64	13·301	84	36	44	75	86
6	83	10	97·913	37	63	84	98·815
7	53·302	18	42	38	82	92	44
8	20	27	71	39	53·901	13·601	73
9	39	36	98·000	40	20	10	98·902
10	58	45	29	41	38	19	31
11	76	54	58	42	57	28	60
12	95	62	88	43	76	37	89
13	53·414	71	98·117	44	95	46	99·018
14	32	80	46	45	54·013	55	47
15	51	89	75	46	32	64	77
16	70	98	98·204	47	51	73	99·106
17	89	13·406	33	48	70	82	35
18	53·507	15	62	49	89	91	64
19	26	24	91	50	54·107	13·700	93
20	45	33	98·320	51	26	9	99·222
21	63	42	49	52	45	17	51
22	82	51	78	53	64	26	80
23	53·601	59	98·407	54	83	35	99·309
24	20	68	37	55	54·202	44	38
25	38	77	66	56	20	53	67
26	57	86	95	57	39	62	97
27	76	95	98·524	58	58	71	99·426
28	95	13·504	53	59	77	80	55
29	53·713	13	82	60	96	89	84
30	32	21	98·611				

$\alpha = 57^\circ$

Min	$\text{tg}\,\frac{\alpha}{2}$	$\sec\frac{\alpha}{2} - 1$	α	Min	$\text{tg}\,\frac{\alpha}{2}$	$\sec\frac{\alpha}{2} - 1$	$\widehat{\alpha}$
0	54·296	13·789	99·484	31	54·881	14·070	100·386
1	54·314	98	99·513	32	54·900	79	100·415
2	33	13·807	42	33	19	88	44
3	52	16	71	34	38	97	73
4	71	25	99·600	35	57	14·106	100·502
5	90	34	29	36	76	15	31
6	54·409	43	58	37	94	24	60
7	28	52	87	38	55·013	34	89
8	46	61	99·716	39	32	43	100·618
9	65	70	46	40	51	52	47
10	84	79	75	41	70	61	76
11	54·503	88	99·804	42	89	70	100·705
12	22	97	33	43	55·108	79	35
13	41	13·907	62	44	27	88	64
14	60	16	91	45	46	98	93
15	78	25	99·920	46	65	14·207	100·822
16	97	34	49	47	84	16	51
17	54·616	43	78	48	55·203	25	80
18	35	52	100·007	49	22	34	100·909
19	54	61	36	50	41	43	38
20	73	70	66	51	60	53	67
21	92	79	95	52	79	62	96
22	54·711	88	100·124	53	98	71	101·025
23	30	97	53	54	55·317	80	55
24	48	14·006	82	55	36	89	84
25	67	15	100·211	56	55	99	101·113
26	86	24	40	57	74	14·308	42
27	54·805	33	69	58	93	17	71
28	24	42	98	59	55·412	26	101·200
29	43	52	100·327	60	31	35	29
30	62	61	56				

$\alpha = 58°$

Min	$\operatorname{tg}\frac{\alpha}{2}$	$\sec\frac{\alpha}{2} - 1$	$\widehat{\alpha}$	Min	$\operatorname{tg}\frac{\alpha}{2}$	$\sec\frac{\alpha}{2} - 1$	$\widehat{\alpha}$
0	55·431	14·335	101·229	31	56·022	14·623	102·131
1	50	45	58	32	41	32	60
2	69	54	87	33	60	42	89
3	88	63	101·316	34	79	51	102·218
4	55·507	72	45	35	98	60	47
5	26	81	75	36	56·117	70	76
6	45	91	101·404	37	37	79	102·305
7	64	14·400	33	38	56	89	34
8	83	9	62	39	75	98	64
9	55·602	19	91	40	94	14·707	93
10	21	28	101·520	41	56·213	17	102·422
11	40	37	49	42	32	26	51
12	59	46	78	43	51	35	80
13	78	56	101·607	44	71	45	102·509
14	97	65	36	45	90	54	38
15	55·717	74	65	46	56·309	64	67
16	36	83	95	47	28	73	96
17	55	93	101·724	48	47	82	102·625
18	74	14·502	53	49	66	92	54
19	93	11	82	50	85	14·801	84
20	55·812	21	101·811	51	56·405	11	102·713
21	31	30	40	52	24	20	42
22	50	39	69	53	43	30	71
23	69	49	98	54	62	39	102·800
24	88	58	101·927	55	81	48	29
25	55·907	67	56	56	56·500	58	58
26	26	76	85	57	20	67	87
27	45	86	102·014	58	39	77	102·916
28	65	95	44	59	58	86	45
29	84	14·604	73	60	77	96	74
30	56·003	14	102·102				

$\alpha = 59°$

Min	$tg\frac{\alpha}{2}$	$\sec\frac{\alpha}{2}-1$	$\widehat{\alpha}$	Min	$tg\frac{\alpha}{2}$	$\sec\frac{\alpha}{2}-1$	$\widehat{\alpha}$
0	56·577	14·896	102·974	31	57·174	15·191	103·876
1	96	14·905	103·004	32	93	15·200	103·905
2	56·616	15	33	33	57·213	10	34
3	35	24	62	34	32	19	63
4	54	33	91	35	51	29	93
5	73	43	103·120	36	71	39	104·022
6	93	52	49	37	90	48	51
7	56·712	62	78	38	57·309	58	80
8	31	71	103·207	39	29	67	104·109
9	50	81	36	40	48	77	38
10	69	90	65	41	67	87	67
11	89	15·000	94	42	87	96	96
12	56·808	9	103·323	43	57·406	15·306	104·225
13	27	19	53	44	25	15	54
14	46	28	82	45	45	25	83
15	66	38	103·411	46	64	35	104·313
16	85	47	40	47	83	44	42
17	56·904	57	69	48	57·503	54	71
18	23	66	98	49	22	64	104·400
19	43	76	103·527	50	41	73	29
20	62	85	56	51	61	83	58
21	81	95	85	52	80	93	87
22	57·000	15·105	103·614	53	99	15·402	104·516
23	20	14	43	54	57·619	12	45
24	39	24	73	55	38	22	74
25	58	33	103·702	56	58	31	104·603
26	78	43	31	57	77	41	32
27	97	52	60	58	96	51	62
28	57·116	62	89	59	57·716	60	91
29	35	71	103·818	60	35	70	104·720
30	55	81	47				

$\alpha = 60°$

Min	$tg\frac{\alpha}{2}$	$sec\frac{\alpha}{2}-1$	$\widehat{\alpha}$	Min	$tg\frac{\alpha}{2}$	$sec\frac{\alpha}{2}-1$	$\widehat{\alpha}$
0	57·735	15·470	104·720	31	58·338	15·773	105·622
1	54	80	49	32	57	82	51
2	74	89	78	33	77	92	80
3	93	99	104·807	34	96	15·802	105·709
4	57·813	15·509	36	35	58·416	12	38
5	32	19	65	36	35	22	67
6	51	28	94	37	55	32	96
7	71	38	104·923	38	74	42	105·825
8	90	48	52	39	94	51	54
9	57·910	58	82	40	58·513	61	83
10	29	67	105·011	41	33	71	105·912
11	49	77	40	42	52	81	41
12	68	87	69	43	72	91	71
13	87	97	98	44	91	15·901	106·000
14	58·007	15·606	105·127	45	58·611	10	29
15	26	16	56	46	31	20	58
16	46	26	85	47	50	30	87
17	65	36	105·214	48	70	40	106·116
18	85	45	43	49	89	50	45
19	58·104	55	72	50	58·709	60	74
20	24	65	105·302	51	28	70	106·203
21	43	75	31	52	48	80	32
22	62	84	60	53	67	90	61
23	82	94	89	54	87	16·000	91
24	58·201	15·704	105·418	55	58·807	10	106·320
25	21	14	47	56	26	19	49
26	40	24	76	57	46	29	78
27	60	33	105·505	58	65	39	106·407
28	79	43	34	59	85	49	436
29	99	53	63	60	58·904	59	65
30	58·318	63	92				

$\alpha = 61°$

Min	$tg\frac{\alpha}{2}$	$\sec\frac{\alpha}{2}-1$	$\widehat{\alpha}$	Min	$tg\frac{\alpha}{2}$	$\sec\frac{\alpha}{2}-1$	$\widehat{\alpha}$
0	58·904	16·059	106·465	31	59·513	16·369	107·367
1	24	69	94	32	33	79	96
2	44	79	106·523	33	53	90	107·425
3	63	89	52	34	73	16·400	54
4	83	99	81	35	92	10	83
5	59·002	16·109	106·611	36	59·612	20	107·512
6	22	19	40	37	32	30	41
7	42	29	69	38	51	40	70
8	61	39	98	39	71	50	107·600
9	81	49	106·727	40	91	60	29
10	59·101	59	56	41	59·711	70	58
11	20	69	85	42	30	80	87
12	40	79	106·814	43	50	91	107·716
13	60	89	43	44	70	16·501	45
14	79	99	72	45	90	11	74
15	99	16·209	106·901	46	59·809	21	107·803
16	59·218	19	31	47	29	31	32
17	38	29	60	48	49	41	61
18	58	39	89	49	69	51	90
19	77	49	107·018	50	88	62	107·920
20	97	59	47	51	59·908	72	49
21	59·317	69	76	52	28	82	78
22	36	79	107·105	53	48	92	108·007
23	56	89	34	54	67	16·602	36
24	76	99	63	55	87	12	65
25	95	16·309	92	56	60·007	23	94
26	59·415	19	107·221	57	27	33	108·123
27	35	29	50	58	46	43	52
28	54	39	80	59	66	53	81
29	74	49	107·309	60	86	63	108·210
30	94	59	38				

$\alpha = 62°$

Min	$tg\frac{\alpha}{2}$	$sec\frac{\alpha}{2}-1$	$\widehat{\alpha}$	Min	$tg\frac{\alpha}{2}$	$sec\frac{\alpha}{2}-1$	$\widehat{\alpha}$
0	60·086	16·663	108·210	31	60·701	16·981	109·112
1	60·106	73	40	32	21	92	41
2	26	84	69	33	41	17·002	70
3	45	94	98	34	61	12	99
4	65	16·704	108·327	35	81	23	109·229
5	85	14	56	36	60·801	33	58
6	60·205	25	85	37	21	44	87
7	25	35	108·414	38	41	54	109·316
8	45	45	43	39	61	64	45
9	64	55	72	40	81	75	74
10	84	66	108·501	41	60·901	85	109·403
11	60·304	76	30	42	21	95	32
12	24	86	59	43	41	17·106	61
13	44	96	89	44	60	16	90
14	64	16·807	108·618	45	80	27	109·519
15	83	17	47	46	61·000	37	48
16	60·403	27	76	47	20	47	78
17	23	37	108·705	48	40	58	109·607
18	43	48	34	49	60	68	36
19	63	58	63	50	80	78	65
20	83	68	92	51	61·100	89	94
21	60·502	78	108·821	52	20	99	109·723
22	22	89	50	53	40	17·210	52
23	42	99	79	54	60	20	81
24	62	16·909	108·909	55	80	31	109·810
25	82	20	38	56	61·200	41	39
26	60·602	30	67	57	20	51	68
27	22	40	96	58	40	62	98
28	42	51	109·025	59	60	72	109·927
29	62	61	54	60	80	83	56
30	82	71	83				

$\alpha = 63°$

Min	$\operatorname{tg}\frac{\alpha}{2}$	$\sec\frac{\alpha}{2} - 1$	α	Min	$\operatorname{tg}\frac{\alpha}{2}$	$\sec\frac{\alpha}{2} - 1$	$\widehat{\alpha}$
0	61·280	17·283	109·956	31	61·902	17·609	110·857
1	61·300	93	85	32	22	19	87
2	20	17·304	110·014	33	42	30	110·916
3	40	14	43	34	62	41	45
4	60	25	72	35	83	51	74
5	80	35	110·101	36	62·003	62	111·003
6	61·400	46	30	37	23	73	32
7	20	56	59	38	43	83	61
8	40	67	88	39	63	94	90
9	60	77	110·218	40	83	17·704	111·119
10	80	88	47	41	62·103	15	48
11	61·500	98	76	42	24	26	77
12	20	17·409	110·305	43	44	36	111·207
13	41	19	34	44	64	47	36
14	61	30	63	45	84	58	65
15	81	40	92	46	62·204	68	94
16	61·601	51	110·421	47	24	79	111·323
17	21	61	50	48	45	90	52
18	41	72	79	49	65	17·800	81
19	61	82	110·508	50	85	11	111·410
20	81	93	38	51	62·305	22	39
21	61·701	17·503	67	52	25	32	68
22	21	14	96	53	46	43	97
23	41	24	110·625	54	66	54	111·527
24	61	35	54	55	86	64	56
25	81	45	83	56	62·406	75	85
26	61·801	56	110·712	57	26	86	111·614
27	22	67	41	58	47	96	43
28	42	77	70	59	67	17·907	72
29	62	88	99	60	87	18	111·701
30	82	98	110·828				

$\alpha = 64°$

Min	$tg\frac{\alpha}{2}$	$sec\frac{\alpha}{2}-1$	$\widehat{\alpha}$	Min	$tg\frac{\alpha}{2}$	$sec\frac{\alpha}{2}-1$	$\widehat{\alpha}$
0	62·487	17·918	111·701	31	63·116	18·252	112·603
1	62·507	29	30	32	36	63	32
2	27	39	59	33	56	74	61
3	48	50	88	34	77	85	90
4	68	61	111·817	35	97	96	112·719
5	88	72	47	36	63·217	18·307	48
6	62·608	82	76	37	38	17	77
7	29	93	111·905	38	58	28	112·806
8	49	18·004	34	39	79	39	36
9	69	15	63	40	99	50	65
10	89	25	92	41	63·319	61	94
11	62·710	36	112·021	42	40	72	112·923
12	30	47	50	43	60	83	52
13	50	58	79	44	80	94	81
14	70	68	112·108	45	63·401	18·405	113·010
15	91	79	37	46	21	16	39
16	62·811	90	66	47	42	27	68
17	31	18·101	96	48	62	37	97
18	52	12	112·225	49	82	48	113·126
19	72	22	54	50	63·503	59	56
20	92	33	83	51	23	70	85
21	62·913	44	112·312	52	44	81	113·214
22	33	55	41	53	64	92	43
23	53	66	70	54	84	18·503	72
24	73	76	99	55	63·605	14	113·301
25	94	87	112·428	56	25	25	30
26	63·014	98	57	57	46	36	59
27	34	18·209	86	58	66	47	88
28	55	20	112·516	59	87	58	113·417
29	75	30	45	60	63·707	69	46
30	95	41	74				

$\alpha = 65°$

Min	$tg\frac{\alpha}{2}$	$sec\frac{\alpha}{2}-1$	$\widehat{\alpha}$	Min	$tg\frac{\alpha}{2}$	$sec\frac{\alpha}{2}-1$	$\widehat{\alpha}$
0	63·707	18·569	113·446	31	64·343	18·912	114·348
1	27	80	75	32	63	23	77
2	48	91	113·505	33	84	34	114·406
3	68	18·602	34	34	64·404	45	35
4	89	13	63	35	25	56	65
5	63·809	24	92	36	46	67	94
6	30	35	113·621	37	66	79	114·523
7	50	46	50	38	87	90	52
8	71	57	79	39	64·507	19·001	81
9	91	68	113·708	40	28	12	114·610
10	63·912	79	37	41	49	23	39
11	32	90	66	42	69	34	68
12	53	18·701	95	43	90	46	97
13	73	12	113·825	44	64·610	57	114·726
14	94	23	54	45	31	68	55
15	64·014	34	83	46	52	79	84
16	35	45	113·912	47	72	90	114·814
17	55	56	41	48	93	19·102	43
18	76	67	70	49	64·714	13	72
19	96	78	99	50	34	24	114·901
20	64·117	90	114·028	51	55	35	30
21	37	18·801	57	52	76	46	59
22	58	12	86	53	96	58	88
23	78	23	114·115	54	64·817	69	115·017
24	99	34	45	55	37	80	46
25	64·219	45	74	56	58	91	75
26	40	56	114·203	57	79	19·203	115·104
27	60	67	32	58	99	14	34
28	81	78	61	59	64·920	25	63
29	64·302	89	90	60	41	36	92
30	22	18·901	114·319				

$\alpha = 66°$

Min	$tg\frac{\alpha}{2}$	$\sec\frac{\alpha}{2}-1$	$\widehat{\alpha}$	Min	$tg\frac{\alpha}{2}$	$\sec\frac{\alpha}{2}-1$	$\widehat{\alpha}$
0	64·941	19·236	115·192	31	65·584	19·588	116·093
1	61	48	115·221	32	65·605	99	116·123
2	82	59	50	33	25	19·610	52
3	65·003	70	79	34	46	22	81
4	24	81	115·308	35	67	33	116·210
5	44	93	37	36	88	45	39
6	65	19·304	66	37	65·709	56	68
7	86	15	95	38	29	68	97
8	65·106	27	115·424	39	50	79	116·326
9	27	38	54	40	71	91	55
10	48	49	83	41	92	19·702	84
11	69	61	115·512	42	65·813	14	116·413
12	89	72	41	43	34	25	43
13	65·210	83	70	44	54	36	72
14	31	95	99	45	75	48	116·501
15	51	19·406	115·628	46	96	59	30
16	72	17	57	47	65·917	71	59
17	93	29	86	48	38	82	88
18	65·314	40	115·715	49	59	94	116·617
19	34	51	44	50	80	19·805	46
20	55	63	74	51	66·001	17	75
21	76	74	115·803	52	21	28	116·704
22	97	85	32	53	42	40	33
23	65·417	97	61	54	63	51	63
24	38	19·508	90	55	84	63	92
25	59	19	115·919	56	66·105	74	116·821
26	80	31	48	57	26	86	50
27	65·501	42	77	58	47	97	79
28	21	53	116·006	59	68	19·909	116·908
29	42	65	35	60	89	20	37
30	63	76	64				

$\alpha = 67°$

Min	$\operatorname{tg}\frac{\alpha}{2}$	$\sec\frac{\alpha}{2}-1$	$\widehat{\alpha}$	Min	$\operatorname{tg}\frac{\alpha}{2}$	$\sec\frac{\alpha}{2}-1$	$\widehat{\alpha}$
0	66·189	19·920	116·937	31	66·839	20·281	117·839
1	66·210	32	66	32	60	92	68
2	30	44	95	33	81	20·304	97
3	51	55	117·024	34	66·902	16	117·926
4	72	67	53	35	23	28	55
5	93	78	83	36	44	39	84
6	66·314	90	117·112	37	65	51	118·013
7	35	20·001	41	38	86	63	42
8	56	13	70	39	67·007	74	72
9	77	25	99	40	28	86	118·101
10	98	36	117·228	41	50	98	30
11	66·419	48	57	42	71	20·410	59
12	40	59	86	43	92	21	88
13	61	71	117·315	44	67·113	33	118·217
14	82	83	44	45	34	45	46
15	66·503	94	73	46	55	57	75
16	24	20·106	117·402	47	76	68	118·304
17	45	17	32	48	97	80	33
18	66	29	61	49	67·218	92	62
19	87	41	90	50	39	20·504	92
20	66·608	52	117·519	51	61	15	118·421
21	29	64	48	52	82	27	50
22	50	76	77	53	67·303	39	79
23	71	87	117·606	54	24	51	118·508
24	92	99	35	55	45	63	37
25	66·713	20·211	64	56	66	75	66
26	34	22	93	57	87	86	95
27	55	34	117·722	58	67·409	98	118·624
28	76	46	52	59	30	20·610	53
29	97	57	81	60	51	22	82
30	66·818	69	117·810				

$\alpha = 68°$

Min	$tg\frac{\alpha}{2}$	$sec\frac{\alpha}{2}-1$	$\widehat{\alpha}$	Min	$tg\frac{\alpha}{2}$	$sec\frac{\alpha}{2}-1$	$\widehat{\alpha}$
0	67·451	20·622	118·682	31	68·109	20·991	119·584
1	72	34	118·711	32	30	21·003	119·613
2	93	46	41	33	52	15	42
3	67·514	57	70	34	73	27	71
4	36	69	99	35	94	39	119·700
5	57	81	118·828	36	68·215	51	30
6	78	93	57	37	37	63	59
7	99	20·705	86	38	58	75	88
8	67·620	17	118·915	39	79	87	119·817
9	42	29	44	40	68·301	99	46
10	63	40	73	41	22	21·111	75
11	84	52	119·002	42	43	23	119·904
12	67·705	64	31	43	65	35	33
13	26	76	61	44	86	47	62
14	48	88	90	45	68·407	59	91
15	69	20·800	119·119	46	29	71	120·020
16	90	12	48	47	50	83	50
17	67·811	24	77	48	71	95	79
18	32	36	119·206	49	93	21·208	120·108
19	54	48	35	50	68·514	20	37
20	75	59	64	51	36	32	66
21	96	71	93	52	57	44	95
22	67·917	83	119·322	53	78	56	120·224
23	39	95	51	54	68·600	68	53
24	60	20·907	81	55	21	80	82
25	81	19	119·410	56	43	92	120·311
26	68·003	31	39	57	64	21·304	40
27	24	43	68	58	85	16	70
28	45	55	97	59	68·707	29	99
29	66	67	119·526	60	28	41	120·428
30	88	79	55				

$\alpha = 69°$

Min	$tg\frac{\alpha}{2}$	$\sec\frac{\alpha}{2}-1$	$\widehat{\alpha}$	Min	$tg\frac{\alpha}{2}$	$\sec\frac{\alpha}{2}-1$	$\widehat{\alpha}$
0	68·728	21·341	120·428	31	69·394	21·719	121·329
1	49	53	57	32	69·416	31	59
2	71	65	86	33	37	44	88
3	92	77	120·515	34	59	56	121·417
4	68·814	89	44	35	80	68	46
5	35	21·401	73	36	69·502	81	75
6	57	14	120·602	37	23	93	121·504
7	78	26	31	38	45	21·805	33
8	99	38	60	39	66	18	62
9	68·921	50	90	40	88	30	91
10	42	62	120·719	41	69·610	42	121·620
11	64	74	48	42	31	55	49
12	85	87	77	43	53	67	79
13	69·007	99	120·806	44	74	79	121·708
14	28	21·511	35	45	96	92	37
15	50	23	64	46	69·718	21·904	66
16	71	35	93	47	39	16	95
17	93	48	120·922	48	61	29	121·824
18	69·114	60	51	49	83	41	53
19	36	72	80	50	69·804	53	82
20	57	84	121·009	51	26	66	121·911
21	79	97	39	52	48	78	40
22	69·200	21·609	68	53	69	91	69
23	22	21	97	54	91	22·003	99
24	43	33	121·126	55	69·912	15	122·028
25	65	45	55	56	34	28	57
26	86	58	84	57	56	40	86
27	69·308	70	121·213	58	77	53	122·115
28	29	82	42	59	99	65	44
29	51	95	71	60	70·021	77	73
30	72	21·707	121·300				

$\alpha = 70°$

Min	$\operatorname{tg}\frac{\alpha}{2}$	$\sec\frac{\alpha}{2}-1$	$\widehat{\alpha}$	Min	$\operatorname{tg}\frac{\alpha}{2}$	$\sec\frac{\alpha}{2}-1$	$\widehat{\alpha}$
0	70·021	22·077	122·173	31	70·695	22·466	123·075
1	42	90	122·202	32	70·717	78	123·104
2	64	22·102	31	33	39	91	33
3	86	15	60	34	60	22·503	62
4	70·108	27	89	35	82	16	91
5	29	40	122·318	36	70·804	28	123·220
6	51	52	48	37	26	41	49
7	73	65	77	38	48	54	78
8	94	77	122·406	39	70	66	123·308
9	70·216	90	35	40	91	79	37
10	38	22·202	64	41	70·913	92	66
11	60	15	93	42	35	22·604	95
12	81	27	122·522	43	57	17	123·424
13	70·303	40	51	44	79	30	53
14	25	52	80	45	71·001	42	82
15	46	65	122·609	46	23	55	123·511
16	68	77	38	47	44	68	40
17	90	90	68	48	66	80	69
18	70·412	22·302	97	49	88	93	98
19	33	15	122·726	50	71·110	22·706	123·627
20	55	27	55	51	32	18	57
21	77	40	84	52	54	31	86
22	99	52	122·813	53	76	44	123·715
23	70·521	65	42	54	98	56	44
24	42	77	71	55	71·220	69	73
25	64	90	122·900	56	42	82	123·802
26	86	22·402	29	57	63	95	31
27	70·608	15	58	58	85	22·807	60
28	29	28	88	59	71·307	20	89
29	51	40	123·017	60	29	33	123·918
30	73	53	46				

$\alpha = 71°$

Min	$tg\frac{\alpha}{2}$	$sec\frac{\alpha}{2}-1$	$\widehat{\alpha}$	Min	$tg\frac{\alpha}{2}$	$sec\frac{\alpha}{2}-1$	$\widehat{\alpha}$
0	71·329	22·833	123·918	31	72·012	23·230	124·820
1	51	45	47	32	34	43	49
2	73	58	77	33	56	56	78
3	95	71	124·006	34	78	69	124·907
4	71·417	84	35	35	72·100	82	36
5	39	97	64	36	22	95	66
6	61	22·909	93	37	44	23·308	95
7	83	22	124·122	38	67	21	125·024
8	71·505	35	51	39	89	34	53
9	27	48	80	40	72·211	47	82
10	49	60	124·209	41	33	60	125·111
11	71	73	38	42	55	73	40
12	93	86	67	43	77	86	69
13	71·615	99	97	44	99	99	98
14	37	23·012	124·326	45	72·322	23·412	125·227
15	59	24	55	46	44	25	56
16	81	37	84	47	66	37	86
17	71·703	50	124·413	48	88	50	125·315
18	25	63	42	49	72·410	63	44
19	47	76	71	50	32	76	73
20	69	89	124·500	51	55	90	125·402
21	91	23·102	29	52	77	23·503	31
22	71·813	14	58	53	99	16	60
23	35	27	87	54	72·521	29	89
24	57	40	124·617	55	43	42	125·518
25	79	53	46	56	65	55	47
26	71·901	66	75	57	88	68	76
27	24	79	124·704	58	72·610	81	125·606
28	46	92	33	59	32	94	35
29	68	23·204	62	60	54	23·607	64
30	90	17	91				

$\alpha = 72°$

Min	$tg\frac{\alpha}{2}$	$\sec\frac{\alpha}{2} - 1$	$\widehat{\alpha}$	Min	$tg\frac{\alpha}{2}$	$\sec\frac{\alpha}{2} - 1$	$\widehat{\alpha}$
0	72·654	23·607	125·664	31	73·345	24·014	126·565
1	76	20	93	32	68	28	95
2	99	33	125·722	33	90	41	126·624
3	72·721	46	51	34	73·413	54	53
4	43	59	80	35	35	67	82
5	65	72	125·809	36	57	81	126·711
6	88	85	38	37	80	94	40
7	72·810	98	67	38	73·502	24·107	69
8	32	23·712	96	39	25	20	98
9	54	25	125·926	40	47	34	126·827
10	77	38	55	41	69	47	56
11	99	51	84	42	92	60	85
12	72·921	64	126·013	43	73·614	74	126·915
13	44	77	42	44	37	87	44
14	66	90	71	45	59	24·200	73
15	88	23·803	126·100	46	82	13	127·002
16	73·010	17	29	47	73·704	27	31
17	33	30	58	48	26	40	60
18	55	43	87	49	49	53	89
19	77	56	126·216	50	71	67	127·118
20	73·100	69	45	51	94	80	47
21	22	82	75	52	73·816	93	76
22	44	96	126·304	53	39	24·307	127·205
23	67	23·909	33	54	61	20	35
24	89	22	62	55	84	33	64
25	73·211	35	91	56	73·906	47	93
26	34	48	126·420	57	29	60	127·322
27	56	61	49	58	51	74	51
28	78	75	78	59	74	87	80
29	73·301	88	126·507	60	96	24·400	127·409
30	23	24·001	36				

$\alpha = 73^\circ$

Min	$\operatorname{tg}\frac{\alpha}{2}$	$\sec\frac{\alpha}{2}-1$	$\widehat{\alpha}$	Min	$\operatorname{tg}\frac{\alpha}{2}$	$\sec\frac{\alpha}{2}-1$	$\widehat{\alpha}$
0	73·996	24·400	127·409	31	74·696	24·818	128·311
1	74·019	14	38	32	74·719	31	40
2	41	27	67	33	42	45	69
3	64	40	96	34	64	59	98
4	86	54	127·525	35	87	72	128·427
5	74·109	67	54	36	74·810	86	56
6	31	81	84	37	32	99	85
7	54	94	127·613	38	55	24·913	128·514
8	76	24·508	42	39	78	27	43
9	99	21	71	40	74·900	40	73
10	74·221	34	127·700	41	23	54	128·602
11	44	48	29	42	46	68	31
12	67	61	58	43	69	81	60
13	89	75	87	44	91	95	89
14	74·312	88	127·816	45	75·014	25·008	128·718
15	34	24·602	45	46	37	22	47
16	57	15	74	47	59	36	76
17	80	29	127·904	48	82	49	128 805
18	74·402	42	33	49	75·105	63	34
19	25	56	62	50	28	77	63
20	47	69	91	51	50	90	93
21	70	83	128·020	52	73	25·104	128·922
22	93	96	49	53	96	18	51
23	74·515	24·710	78	54	75·219	31	80
24	38	23	128·107	55	41	45	129·009
25	60	37	36	56	64	59	38
26	83	50	65	57	87	72	67
27	74·606	64	94	58	75·310	86	96
28	28	77	128·224	59	33	25·200	129·125
29	51	91	53	60	55	14	54
30	74	24·804	82				

$\alpha = 74°$

Min	$\text{tg}\,\frac{\alpha}{2}$	$\sec\frac{\alpha}{2}-1$	$\widehat{\alpha}$	Min	$\text{tg}\,\frac{\alpha}{2}$	$\sec\frac{\alpha}{2}-1$	$\widehat{\alpha}$
0	75·355	25·214	129·154	31	76·065	25·642	130·056
1	78	27	83	32	88	56	85
2	75·401	41	129·213	33	76·111	70	130·114
3	24	55	42	34	34	83	43
4	47	69	71	35	57	97	72
5	69	82	129·300	36	80	25·711	130·202
6	92	96	29	37	76·203	25	31
7	75·515	25·310	58	38	26	39	60
8	38	24	87	39	49	53	89
9	61	37	129·416	40	72	67	130·318
10	84	51	45	41	95	81	47
11	75·607	65	74	42	76·318	95	76
12	29	79	129·503	43	41	25·809	130·405
13	52	92	33	44	64	23	34
14	75	25·406	62	45	87	37	63
15	98	20	91	46	76·410	51	92
16	75·721	34	129·620	47	33	65	130·522
17	44	48	49	48	56	79	51
18	67	62	78	49	79	93	80
19	90	75	129·707	50	76·502	25·907	130·609
20	75·813	89	36	51	25	21	38
21	35	25·503	65	52	48	35	67
22	58	17	94	53	71	49	96
23	81	31	129·823	54	94	63	130·725
24	75·904	45	52	55	76·617	77	54
25	27	58	82	56	40	91	83
26	50	72	129·911	57	63	26·005	130·812
27	73	86	40	58	87	19	42
28	96	25·600	69	59	76·710	33	71
29	76·019	14	98	60	33	47	130·900
30	42	28	130·027				

$\alpha = 75°$

Min	$tg\frac{\alpha}{2}$	$sec\frac{\alpha}{2}-1$	$\widehat{\alpha}$	Min	$tg\frac{\alpha}{2}$	$sec\frac{\alpha}{2}-1$	$\widehat{\alpha}$
0	76·733	26·047	130·900	31	77·451	26·486	131·801
1	56	61	29	32	75	26·500	31
2	79	75	58	33	98	15	60
3	76·802	90	87	34	77·521	29	89
4	25	26·104	131·016	35	45	43	131·918
5	48	18	45	36	68	57	47
6	71	32	74	37	91	72	76
7	95	46	131·103	38	77·615	86	132·005
8	76·918	60	32	39	38	26·600	34
9	41	74	61	40	61	15	63
10	64	88	91	41	85	29	92
11	87	26·202	131·220	42	77·708	43	132·121
12	77·010	17	49	43	31	58	51
13	34	31	78	44	55	72	80
14	57	45	131·307	45	78	86	132·209
15	80	59	36	46	77·801	26·701	38
16	77·103	73	65	47	25	15	67
17	26	87	94	48	48	29	96
18	50	26·301	131·423	49	71	44	132·325
19	73	16	52	50	95	58	54
20	96	30	81	51	77·918	72	83
21	77·219	44	131·511	52	41	87	132·412
22	42	58	40	53	65	26·801	41
23	66	72	69	54	88	15	70
24	89	87	98	55	78·012	30	132·500
25	77·312	26·401	131·627	56	35	44	29
26	35	15	56	57	58	59	58
27	59	29	85	58	82	73	87
28	82	43	131·714	59	78·105	87	132·616
29	77·405	58	43	60	29	26·902	45
30	28	72	72				

$\alpha = 76°$

Min	$tg \frac{\alpha}{2}$	$\sec \frac{\alpha}{2} - 1$	$\widehat{\alpha}$	Min	$tg \frac{\alpha}{2}$	$\sec \frac{\alpha}{2} - 1$	$\widehat{\alpha}$
0	78·129	26·902	132·645	31	78·857	27·352	133·547
1	52	16	74	32	81	66	76
2	75	31	132·703	33	78·904	81	133·605
3	99	45	32	34	28	96	34
4	78·222	60	61	35	52	27·410	63
5	46	74	90	36	75	25	92
6	69	88	132·820	37	99	40	133·721
7	93	27·003	49	38	79·023	54	50
8	78·316	17	78	39	46	69	79
9	40	32	132·907	40	70	83	133·809
10	63	46	36	41	93	98	38
11	87	61	65	42	79·117	27·513	67
12	78·410	75	94	43	41	27	96
13	34	90	133·023	44	64	42	133·925
14	57	27·104	52	45	88	57	54
15	81	19	81	46	79·212	72	83
16	78·504	33	133·110	47	35	86	134·012
17	28	48	40	48	59	27·601	41
18	51	62	69	49	83	16	70
19	75	77	98	50	79·306	30	99
20	98	91	133·227	51	30	45	134·129
21	78·622	27·206	56	52	54	60	58
22	45	21	85	53	78	75	87
23	69	35	133·314	54	79·401	89	134·216
24	92	50	43	55	25	27·704	45
25	78·716	64	72	56	49	19	74
26	39	79	133·401	57	72	34	134·303
27	63	93	30	58	96	48	32
28	87	27·308	60	59	79·520	63	61
29	78·810	22	89	60	44	78	90
30	34	37	133·518				

$\alpha = 77°$

Min	$\operatorname{tg}\frac{\alpha}{2}$	$\sec\frac{\alpha}{2}-1$	$\widehat{\alpha}$	Min	$\operatorname{tg}\frac{\alpha}{2}$	$\sec\frac{\alpha}{2}-1$	$\widehat{\alpha}$
0	79·544	27·778	134·390	31	80·282	28·239	135·292
1	67	93	134·419	32	80·306	54	135·321
2	91	27·807	49	33	30	69	50
3	79·615	22	78	34	54	84	79
4	39	37	134·507	35	78	99	135·408
5	62	52	36	36	80·402	28·314	38
6	86	67	65	37	26	29	67
7	79·710	82	94	38	50	44	96
8	34	96	134·623	39	74	59	135·525
9	58	27·911	52	40	98	74	54
10	81	26	81	41	80·522	89	83
11	79·805	41	134·710	42	46	28·404	135·612
12	29	56	39	43	70	19	41
13	53	71	69	44	94	34	70
14	77	85	98	45	80·618	49	99
15	79·900	28·000	134·827	46	42	64	135·728
16	24	15	56	47	66	80	58
17	48	30	85	48	90	95	87
18	72	45	134·914	49	80·714	28·510	135·816
19	96	60	43	50	38	25	45
20	80·020	75	72	51	62	40	74
21	44	90	135·001	52	86	55	135·903
22	67	28·105	30	53	80·810	70	32
23	91	20	59	54	34	85	61
24	80·115	34	88	55	58	28·600	90
25	39	49	135·118	56	82	15	136·019
26	63	64	47	57	80·906	31	48
27	87	79	76	58	30	46	78
28	80·211	94	135·205	59	54	61	136·107
29	35	28·209	34	60	78	76	36
30	58	24	63				

$\alpha = 78°$

Min	$\operatorname{tg}\frac{\alpha}{2}$	$\sec\frac{\alpha}{2}-1$	$\widehat{\alpha}$	Min	$\operatorname{tg}\frac{\alpha}{2}$	$\sec\frac{\alpha}{2}-1$	$\widehat{\alpha}$
0	80·978	28·676	136·136	31	81·728	29·149	137·037
1	81·002	91	65	32	52	64	67
2	27	28·706	94	33	76	79	96
3	51	22	136·223	34	81·800	95	137·125
4	75	37	52	35	25	29·210	54
5	99	52	81	36	49	26	83
6	81·123	67	136·310	37	73	41	137·212
7	47	82	39	38	98	56	41
8	71	97	68	39	81·922	72	70
9	95	28·813	97	40	46	87	99
10	81·220	28	136·427	41	71	29·303	137·328
11	44	43	56	42	95	18	57
12	68	58	85	43	82·019	34	87
13	92	74	136·514	44	44	49	137·416
14	81·316	89	43	45	68	64	45
15	40	28·904	72	46	92	80	74
16	64	19	136·601	47	82·117	95	137·503
17	89	35	30	48	41	29·411	32
18	81·413	50	59	49	65	26	61
19	37	65	88	50	90	42	90
20	61	80	136·717	51	82·214	57	137·619
21	85	96	47	52	38	73	48
22	81·510	29·011	76	53	63	88	77
23	34	26	136·805	54	87	29·504	137·706
24	58	42	34	55	82·312	19	36
25	82	57	63	56	36	35	65
26	81·606	72	92	57	60	50	94
27	31	87	136·921	58	85	66	137·823
28	55	29·103	50	59	82·409	81	52
29	79	18	79	60	34	97	81
30	81·703	33	137·008				

$\alpha = 79°$

Min	$tg\frac{\alpha}{2}$	$sec\frac{\alpha}{2}-1$	$\widehat{\alpha}$	Min	$tg\frac{\alpha}{2}$	$sec\frac{\alpha}{2}-1$	$\widehat{\alpha}$
0	82·434	29·597	137·881	31	83·194	30·082	138·783
1	58	29·612	137·910	32	83·218	97	138·812
2	83	28	39	33	43	30·113	41
3	82·507	43	68	34	68	29	70
4	31	59	97	35	92	45	99
5	56	75	138·026	36	83·317	60	138·928
6	80	90	56	37	42	76	57
7	82·605	29·706	85	38	66	92	86
8	29	21	138·114	39	91	30·208	139·015
9	54	37	43	40	83·416	23	45
10	78	52	72	41	40	39	74
11	82·703	68	138·201	42	65	55	139·103
12	27	84	30	43	90	71	32
13	52	99	59	44	83·514	87	61
14	76	29·815	88	45	39	30·303	90
15	82·801	31	138·317	46	64	18	139·219
16	25	46	46	47	88	34	48
17	50	62	76	48	83·613	50	77
18	74	77	138·405	49	38	66	139·306
19	99	93	34	50	62	82	35
20	82·923	29·909	63	51	87	98	65
21	48	24	92	52	83·712	30·414	94
22	73	40	138·521	53	37	29	139·423
23	97	56	50	54	61	45	52
24	83·022	72	79	55	86	61	81
25	46	87	138·608	56	83·811	77	139·510
26	71	30·003	37	57	36	93	39
27	95	19	66	58	60	30·509	68
28	83·120	34	95	59	85	25	97
29	44	50	138·725	60	83·910	41	139·626
30	69	66	54				

$\alpha = 80°$

Min	$\operatorname{tg}\frac{\alpha}{2}$	$\sec\frac{\alpha}{2}-1$	$\widehat{\alpha}$	Min	$\operatorname{tg}\frac{\alpha}{2}$	$\sec\frac{\alpha}{2}-1$	$\widehat{\alpha}$
0	83·910	30·541	139·626	31	84·681	31·038	140·528
1	35	57	55	32	84·706	54	57
2	60	73	85	33	31	70	86
3	84	89	139·714	34	56	86	140·615
4	84·009	30·605	43	35	81	31·102	44
5	34	21	72	36	84·806	19	74
6	59	36	139·801	37	31	35	140·703
7	84	52	30	38	56	51	32
8	84·108	68	59	39	81	67	61
9	33	84	88	40	84·906	83	90
10	58	30·700	139·917	41	31	31·200	140·819
11	83	16	46	42	56	16	48
12	84·208	32	75	43	81	32	77
13	33	48	140·004	44	85·006	48	140·906
14	58	64	34	45	32	64	35
15	82	81	63	46	57	81	64
16	84·307	97	92	47	82	97	94
17	32	30·813	140·121	48	85·107	31·313	141·023
18	57	29	50	49	32	29	52
19	82	45	79	50	57	46	81
20	84·407	61	140·208	51	82	62	141·110
21	32	77	37	52	85·207	78	39
22	57	93	66	53	32	95	68
23	82	30·909	95	54	57	31·411	97
24	84·507	25	140·324	55	82	27	141·226
25	32	41	54	56	85·308	43	55
26	56	57	83	57	33	60	84
27	81	73	140·412	58	58	76	141·313
28	84·606	89	41	59	83	92	43
29	31	31·006	70	60	85·408	31·509	72
30	56	22	99				

$\alpha = 81°$

Min	$tg\frac{\alpha}{2}$	$sec\frac{\alpha}{2}-1$	$\widehat{\alpha}$	Min	$tg\frac{\alpha}{2}$	$sec\frac{\alpha}{2}-1$	$\widehat{\alpha}$
0	85·408	31·509	141·372	31	86·191	32·018	142·273
1	33	25	141·401	32	86·216	35	142·303
2	58	41	30	33	42	52	32
3	84	58	59	34	67	68	61
4	85·509	74	88	35	92	85	90
5	34	91	141·517	36	86·318	32·101	142·419
6	59	31·607	46	37	43	18	48
7	84	23	75	38	69	34	77
8	85·610	40	141·604	39	94	51	142·506
9	35	56	33	40	86·419	68	35
10	60	72	63	41	45	84	64
11	85	89	92	42	70	32·201	93
12	85·710	31·705	141·721	43	96	18	142·622
13	36	22	50	44	86·521	34	52
14	61	38	79	45	46	51	81
15	86	55	141·808	46	72	67	142·710
16	85·811	71	37	47	97	84	39
17	37	87	66	48	86·623	32·301	68
18	62	31·804	95	49	48	17	97
19	87	20	141·924	50	74	34	142·826
20	85·912	37	53	51	99	51	55
21	38	53	83	52	86·725	18	84
22	63	70	142·012	53	50	84	142·913
23	88	86	41	54	76	32·401	42
24	86·014	31·903	70	55	86·801	18	72
25	39	19	99	56	27	34	143·001
26	64	36	142·128	57	52	51	30
27	90	52	57	58	78	68	59
28	86·115	69	86	59	86·903	85	88
29	40	85	142·215	60	29	32·501	143·117
30	66	32·002	44				

$\alpha = 82°$

Min	$\operatorname{tg}\frac{\alpha}{2}$	$\sec\frac{\alpha}{2}-1$	$\widehat{\alpha}$	Min	$\operatorname{tg}\frac{\alpha}{2}$	$\sec\frac{\alpha}{2}-1$	$\widehat{\alpha}$
0	86·929	32·501	143·117	31	87·723	33·024	144·019
1	54	18	46	32	49	41	48
2	80	35	75	33	75	58	77
3	87·005	52	143·204	34	87·801	75	144·106
4	31	68	33	35	26	92	35
5	56	85	62	36	52	33·109	64
6	82	32·602	92	37	78	26	93
7	87·108	19	143·321	38	87·904	43	144·222
8	33	36	50	39	30	60	51
9	59	52	79	40	55	77	81
10	84	69	143·408	41	81	94	144·310
11	87·210	86	37	42	88·007	33·211	39
12	36	32·703	66	43	33	28	68
13	61	20	95	44	59	45	97
14	87	37	143·524	45	84	62	144·426
15	87·312	53	53	46	88·110	79	55
16	38	70	82	47	36	97	84
17	64	87	143·612	48	62	33·314	144·513
18	89	32·804	41	49	88	31	42
19	87·415	21	70	50	88·214	48	71
20	41	38	99	51	39	65	144·601
21	66	55	143·728	52	65	82	30
22	92	72	57	53	92	99	59
23	87·518	89	86	54	88·317	33·416	88
24	43	32·905	143·815	55	43	33	144·717
25	69	22	44	56	69	51	46
26	95	39	73	57	95	68	75
27	87·621	56	143·902	58	88·421	85	144·804
28	46	73	31	59	47	33·502	33
29	72	90	61	60	73	19	62
30	98	33·007	90				

$\alpha = 83°$

Min	$\operatorname{tg}\frac{\alpha}{2}$	$\sec\frac{\alpha}{2}-1$	$\widehat{\alpha}$	Min	$\operatorname{tg}\frac{\alpha}{2}$	$\sec\frac{\alpha}{2}-1$	$\widehat{\alpha}$
0	88·473	33·519	144·862	31	89·280	34·055	145·764
1	99	36	91	32	89·306	73	93
2	88·524	54	144·921	33	32	90	145·822
3	50	71	50	34	58	34·108	51
4	76	88	79	35	84	25	80
5	88·602	33·605	145·008	36	89·410	43	145·910
6	28	23	37	37	37	60	39
7	54	40	66	38	63	77	68
8	80	57	95	39	89	95	97
9	88·706	74	145·124	40	89·515	34·212	146·026
10	32	91	53	41	41	30	55
11	58	33·709	82	42	68	47	84
12	84	26	145·211	43	94	65	146·113
13	88·810	43	40	44	89·620	82	42
14	36	61	70	45	46	34·300	71
15	62	78	99	46	72	17	146·200
16	88	95	145·328	47	99	35	30
17	88·914	33·812	·57	48	89·725	52	59
18	40	30	86	49	51	70	88
19	66	47	145·415	50	77	87	146·317
20	92	64	44	51	89·804	34·405	46
21	89·019	82	73	52	30	23	75
22	45	99	145·502	53	56	40	146·404
23	71	33·916	31	54	83	58	33
24	97	34	60	55	89·909	75	62
25	89·123	51	90	56	35	93	91
26	49	68	145·619	57	61	34·510	146·520
27	75	86	48	58	88	28	49
28	89·201	34·003	77	59	90·014	46	79
29	27	21	145·706	60	40	63	146·608
30	53	38	35				

$\alpha = 84°$

Min	$\operatorname{tg}\frac{\alpha}{2}$	$\sec\frac{\alpha}{2}-1$	$\widehat{\alpha}$	Min	$\operatorname{tg}\frac{\alpha}{2}$	$\sec\frac{\alpha}{2}-1$	$\widehat{\alpha}$
0	90·040	34·563	146·608	31	90·860	35·113	147·509
1	67	81	37	32	87	31	38
2	93	98	66	33	90·913	49	68
3	90·119	34·616	95	34	40	67	97
4	46	34	146·724	35	66	85	147·626
5	72	52	53	36	93	35·203	55
6	99	69	82	37	91·020	20	84
7	90·225	87	146·811	38	46	38	147·713
8	51	34·705	40	39	73	56	42
9	78	22	69	40	99	74	71
10	90·304	40	99	41	91·126	92	147·800
11	31	58	146·928	42	53	35·310	29
12	57	75	57	43	79	28	58
13	83	93	86	44	91·206	46	88
14	90·410	34·811	147·015	45	33	64	147·917
15	36	29	44	46	59	82	46
16	63	46	73	47	86	35·400	75
17	89	64	147·102	48	91·313	18	148·004
18	90·516	82	31	49	39	36	33
19	42	34·900	60	50	66	54	62
20	69	17	89	51	93	72	91
21	95	35	147·219	52	91·419	90	148·120
22	90·622	53	48	53	46	35·508	49
23	48	71	77	54	73	26	78
24	75	88	147·306	55	99	44	148·208
25	90·701	35·006	35	56	91·526	62	37
26	28	24	64	57	53	80	66
27	54	42	93	58	80	98	95
28	81	60	147·422	59	91·606	35·616	148·324
29	90·807	77	51	60	33	34	53
30	34	95	80				

$\alpha = 85°$

Min	$tg \frac{\alpha}{2}$	$sec \frac{\alpha}{2} - 1$	$\widehat{\alpha}$	Min	$tg \frac{\alpha}{2}$	$sec \frac{\alpha}{2} - 1$	$\widehat{\alpha}$
0	91·633	35·634	148·353	31	92·466	36·198	149·255
1	60	52	82	32	93	36·217	84
2	87	70	148·411	33	92·520	35	149·313
3	91·713	88	40	34	47	53	42
4	40	35·707	69	35	74	72	71
5	67	25	98	36	92·601	90	149·400
6	94	43	148·528	37	28	36·308	29
7	91·821	61	57	38	55	27	58
8	47	79	86	39	82	45	87
9	74	97	148·615	40	92·709	63	149·517
10	91·901	35·815	44	41	36	82	46
11	28	34	73	42	63	36·400	75
12	55	52	148·702	43	90	19	149·604
13	82	70	31	44	92·817	37	33
14	92·008	88	60	45	45	56	62
15	35	35·906	89	46	72	74	91
16	62	24	148·818	47	99	92	149·720
17	89	43	47	48	92·926	36·511	49
18	92·116	61	77	49	53	29	78
19	43	79	148·906	50	80	48	149·807
20	70	97	35	51	93·007	66	37
21	97	36·016	64	52	34	85	66
22	92·224	34	93	53	61	36·603	95
23	50	52	149·022	54	89	22	149·924
24	77	70	51	55	93·116	40	53
25	92·304	89	80	56	43	59	82
26	31	36·107	149·109	57	70	77	150·011
27	58	25	38	58	97	96	40
28	85	43	67	59	93·224	36·714	69
29	92·412	62	97	60	51	33	98
30	39	80	149·226				

$\alpha = 86°$

Min	$\operatorname{tg}\frac{\alpha}{2}$	$\sec\frac{\alpha}{2}-1$	$\widehat{\alpha}$	Min	$\operatorname{tg}\frac{\alpha}{2}$	$\sec\frac{\alpha}{2}-1$	$\widehat{\alpha}$
0	93·251	36·733	150·098	31	94·098	37·312	151·000
1	79	51	150·127	32	94·125	30	29
2	93·306	70	56	33	53	49	58
3	33	88	86	34	80	68	87
4	60	36·807	150·215	35	94·208	87	151·116
5	88	26	44	36	35	37·406	46
6	93·415	44	73	37	63	24	75
7	42	63	150·302	38	90	43	151·204
8	69	81	31	39	94·318	62	33
9	97	36·900	60	40	45	81	62
10	93·524	19	89	41	73	37·500	91
11	51	37	150·418	42	94·400	19	151·320
12	78	56	47	43	28	38	49
13	93·606	75	76	44	55	56	78
14	33	93	150·506	45	83	75	151·407
15	60	37·012	35	46	94·510	94	36
16	88	31	64	47	38	37·613	65
17	93·715	49	93	48	65	32	95
18	42	68	150·622	49	93	51	151·524
19	70	87	51	50	94·620	70	53
20	97	37·105	80	51	48	89	82
21	93·824	24	150·709	52	76	37·708	151·611
22	52	43	38	53	94·703	27	40
23	79	61	67	54	31	46	69
24	93·906	80	96	55	58	65	98
25	34	99	150·826	56	86	84	151·727
26	61	37·218	55	57	94·814	37·803	56
27	88	36	84	58	41	22	85
28	94·016	55	150·913	59	69	41	151·815
29	43	74	42	60	96	60	44
30	71	93	71				

$\alpha = 87°$

Min	tg $\frac{\alpha}{2}$	sec $\frac{\alpha}{2}$ —1	$\hat{\alpha}$	Min	tg $\frac{\alpha}{2}$	sec $\frac{\alpha}{2}$ —1	$\hat{\alpha}$
0	94·896	37·860	151·844	31	95·757	38·454	152·745
1	94·924	79	73	32	85	73	74
2	52	98	151·902	33	95·813	92	152·804
3	79	37·917	31	34	41	38·512	33
4	95·007	36	60	35	69	31	62
5	35	55	89	36	97	50	91
6	62	74	152·018	37	95·925	70	152·920
7	90	93	47	38	53	89	49
8	95·118	38·012	76	39	80	38·608	78
9	46	31	152·105	40	96·008	28	153·007
10	73	51	35	41	36	47	36
11	95·201	72	64	42	64	66	65
12	29	89	93	43	92	86	94
13	57	38·108	152·222	44	96·120	38·705	153·124
14	84	27	51	45	48	24	53
15	95·312	46	80	46	76	44	82
16	40	65	152·309	47	96·204	63	153·211
17	68	85	38	48	32	83	40
18	95	38·204	67	49	60	38·802	69
19	95·423	23	96	50	88	22	98
20	51	42	152·425	51	96·316	41	153·327
21	79	61	55	52	44	60	56
22	95·506	80	84	53	72	80	85
23	34	38·300	152·513	54	96·400	99	153·414
24	62	19	42	55	28	38·919	44
25	90	38	71	56	57	38	73
26	95·618	57	152·600	57	85	58	153·502
27	46	77	29	58	96·513	77	31
28	73	96	58	59	41	97	60
29	95·701	38·415	87	60	69	39·016	89
30	29	34	152·716				

$\alpha = 88°$

Min	$\operatorname{tg}\frac{\alpha}{2}$	$\sec\frac{\alpha}{2}-1$	$\widehat{\alpha}$	Min	$\operatorname{tg}\frac{\alpha}{2}$	$\sec\frac{\alpha}{2}-1$	α
0	96·569	39·016	153·589	31	97·444	39·626	154·491
1	97	36	153·618	32	72	46	154·520
2	96·625	55	47	33	97·501	65	49
3	53	75	76	34	29	85	78
4	81	95	153·705	35	58	39·705	154·607
5	96·710	39·114	34	36	86	25	36
6	38	34	64	37	97·614	45	65
7	66	54	93	38	43	64	94
8	94	73	153·822	39	71	84	154·723
9	96·822	92	51	40	97·700	39·804	53
10	50	39·212	80	41	28	24	82
11	79	32	153·909	42	56	44	154·811
12	96·907	51	38	43	85	64	40
13	35	71	67	44	97·813	84	69
14	63	91	96	45	42	39·904	98
15	91	39·310	154·025	46	70	24	154·927
16	97·020	30	54	47	99	43	56
17	48	50	83	48	97·927	63	85
18	76	69	154·113	49	56	83	155·014
19	97·104	89	42	50	84	40·003	43
20	33	39·409	71	51	98·013	23	73
21	61	28	154·200	52	41	43	155·102
22	89	48	29	53	70	63	31
23	97·218	68	58	54	98	83	60
24	46	87	87	55	98·127	40·103	89
25	74	39·507	154·316	56	55	23	155·218
26	97·302	27	45	57	84	43	47
27	31	47	74	58	98·213	63	76
28	59	66	154·403	59	41	83	155·305
29	87	86	33	60	70	40·203	34
30	97·416	39·606	62				

$\alpha = 89°$

Min	$tg\frac{\alpha}{2}$	$\sec\frac{\alpha}{2}-1$	$\widehat{\alpha}$	Min	$tg\frac{\alpha}{2}$	$\sec\frac{\alpha}{2}-1$	$\widehat{\alpha}$
0	98·270	40·203	155·334	31	99·160	40·829	156·236
1	98	23	63	32	89	49	65
2	98·327	43	92	33	99·218	69	94
3	55	63	155·422	34	47	90	156·323
4	84	83	51	35	75	40·910	52
5	98·413	40·304	80	36	99·304	30	82
6	41	24	155·509	37	33	51	156·411
7	70	44	38	38	62	71	40
8	99	64	67	39	91	91	69
9	98·527	84	96	40	99·420	41·012	98
10	56	40·404	155·625	41	49	32	156·527
11	85	24	54	42	78	53	56
12	98·613	44	83	43	99·507	73	85
13	42	64	155·712	44	36	93	156·614
14	71	85	42	45	65	41·114	43
15	98·700	40·505	71	46	94	34	72
16	28	25	155·800	47	99·623	55	156·701
17	57	45	29	48	52	75	31
18	86	65	58	49	81	96	60
19	98·814	86	87	50	99·710	41·216	89
20	43	40·606	155·916	51	39	37	156·818
21	72	26	45	52	68	57	47
22	98·901	46	74	53	97	78	76
23	30	66	156·003	54	99·826	98	156·905
24	58	87	32	55	55	41·319	34
25	87	40·707	62	56	84	39	63
26	99·016	27	91	57	99·913	60	92
27	45	47	156·120	58	42	80	157·021
28	74	68	49	59	71	41·401	51
29	99·102	88	78	60	100·000	21	80
30	31	40·808	156·207				

$\alpha = 90°$

Min	$tg\frac{\alpha}{2}$	$sec\frac{\alpha}{2}-1$	$\widehat{\alpha}$	Min	$tg\frac{\alpha}{2}$	$sec\frac{\alpha}{2}-1$	$\widehat{\alpha}$
0	100·000	41·421	157·080	31	100·906	42·063	157·981
1	29	42	157·109	32	35	84	158·010
2	58	62	38	33	65	42·105	40
3	87	83	67	34	94	26	69
4	100·116	41·504	96	35	101·023	47	98
5	46	24	157·225	36	53	68	158·127
6	75	45	54	37	82	89	56
7	100·204	66	83	38	101·112	42·210	85
8	33	86	157·312	39	41	30	158·214
9	62	41·607	41	40	70	51	43
10	91	28	71	41	101·200	72	72
11	100·321	48	157·400	42	29	93	158·301
12	50	69	29	43	59	42·314	30
13	79	90	58	44	88	35	60
14	100·408	41·710	87	45	101·318	56	89
15	37	31	157·516	46	47	77	158·418
16	67	52	45	47	77	98	47
17	96	72	74	48	101·406	42·419	76
18	100·525	93	157·603	49	36	40	158·505
19	54	41·814	32	50	65	61	34
20	84	35	61	51	95	82	63
21	100·613	55	90	52	101·524	42·503	92
22	42	76	157·720	53	54	24	158·621
23	71	97	49	54	83	45	50
24	100·701	41·918	78	55	101·613	66	80
25	30	38	157·807	56	42	87	158·709
26	59	59	36	57	72	42·609	38
27	88	80	65	58	101·702	30	67
28	100·818	42·001	94	59	31	51	96
29	47	22	157·923	60	61	72	158·825
30	76	42	52				

$\alpha = 91°$

Min	tg $\frac{\alpha}{2}$	sec $\frac{\alpha}{2}$ —1	$\widehat{\alpha}$	Min	tg $\frac{\alpha}{2}$	sec $\frac{\alpha}{2}$ —1	$\widehat{\alpha}$
0	101·761	42·672	158·825	31	102·683	43·331	159·727
1	90	93	54	32	102·713	52	56
2	101·820	42·714	83	33	42	74	85
3	50	35	158·912	34	72	95	159·814
4	79	56	41	35	102·802	43·417	43
5	101·909	77	70	36	32	38	72
6	38	99	99	37	62	59	159·901
7	68	42·820	159·029	38	92	81	30
8	98	41	58	39	102·922	43·502	59
9	102·027	62	87	40	52	24	89
10	57	83	159·116	41	82	45	160·018
11	87	42·905	45	42	103·012	67	47
12	102·117	26	74	43	42	88	76
13	46	47	159·203	44	72	43·610	160·105
14	76	68	32	45	103·102	31	34
15	102·206	90	61	46	32	53	63
16	35	43·011	90	47	62	75	92
17	65	32	159·319	48	92	96	160·221
18	95	53	49	49	103·222	43·718	50
19	102·325	75	78	50	52	39	79
20	55	96	159·407	51	82	61	160·308
21	84	43·117	36	52	103·312	82	38
22	102·414	39	65	53	42	43·804	67
23	44	60	94	54	72	26	96
24	74	81	159·523	55	103·402	47	160·425
25	102·504	43·203	52	56	32	69	54
26	33	24	81	57	63	91	83
27	63	45	159·610	58	93	43·912	160·512
28	93	67	39	59	103·523	34	41
29	102·623	88	69	60	53	56	70
30	53	43·309	98				

$\alpha = 92°$

Min	$tg\frac{\alpha}{2}$	$sec\frac{\alpha}{2}-1$	$\widehat{\alpha}$	Min	$tg\frac{\alpha}{2}$	$sec\frac{\alpha}{2}-1$	$\widehat{\alpha}$
0	103·553	43·956	160·570	31	104·492	44·632	161·472
1	83	77	99	32	104·522	54	161·501
2	103·613	99	160·628	33	53	76	30
3	43	44·021	58	34	83	98	59
4	74	42	87	35	104·614	44·720	88
5	103·704	64	160·716	36	44	42	161·617
6	34	86	45	37	74	64	47
7	64	44·108	74	38	104·705	86	76
8	94	29	160·803	39	35	44·809	161·705
9	103·825	51	32	40	66	31	34
10	55	73	61	41	96	53	63
11	85	95	90	42	104·827	75	92
12	103·915	44·216	160·919	43	58	97	161·821
13	46	38	48	44	88	44·919	50
14	76	60	78	45	104·919	41	79
15	104·006	82	161·007	46	49	63	161·908
16	36	44·304	36	47	80	85	37
17	67	26	65	48	105·010	45·007	67
18	97	47	94	49	41	30	96
19	104·127	69	161·123	50	71	52	162·025
20	58	91	52	51	105·102	74	54
21	88	44·413	81	52	33	96	83
22	104·218	35	161·210	53	63	45·118	162·112
23	49	57	39	54	94	40	41
24	79	79	68	55	105·225	63	70
25	104·309	44·501	98	56	55	85	99
26	40	23	161·327	57	86	45·207	162·228
27	70	45	56	58	105·317	29	57
28	104·400	66	85	59	47	52	87
29	31	88	161·414	60	78	74	162·316
30	61	44·610	43				

$\alpha = 93°$

Min	$tg\frac{\alpha}{2}$	$\sec\frac{\alpha}{2}-1$	$\widehat{\alpha}$	Min	$tg\frac{\alpha}{2}$	$\sec\frac{\alpha}{2}-1$	$\widehat{\alpha}$
0	105·378	45·274	162·316	31	106·334	45·969	163·217
1	105·409	96	45	32	65	92	46
2	39	45·318	74	33	96	46·014	76
3	70	41	162·403	34	106·427	37	163·305
4	105·501	63	32	35	58	59	34
5	32	85	61	36	89	82	63
6	62	45·408	90	37	106·520	46·105	92
7	93	30	162·519	38	51	27	163·421
8	105·624	52	48	39	82	50	50
9	55	75	77	40	106·613	73	79
10	85	97	162·607	41	44	95	163·508
11	105·716	45·519	36	42	76	46·218	37
12	47	42	65	43	106·707	41	66
13	78	64	94	44	38	63	96
14	105·809	87	162·723	45	69	86	163·625
15	39	45·609	52	46	106·800	46·309	54
16	70	31	81	47	31	31	83
17	105·901	54	162·810	48	62	54	163·712
18	32	76	39	49	93	77	41
19	63	99	68	50	106·925	46·400	70
20	94	45·721	97	51	56	22	99
21	106·025	44	162·926	52	87	45	163·828
22	56	66	56	53	107·018	68	57
23	86	89	85	54	49	91	86
24	106·117	45·811	163·014	55	81	46·514	163·916
25	48	34	43	56	107·112	37	45
26	79	56	72	57	43	59	74
27	106·210	79	163·101	58	74	82	164·003
28	41	45·901	30	59	107·206	46·605	32
29	72	24	59	60	37	28	61
30	106·303	46	88				

$\alpha = 94°$

Min	$tg\frac{\alpha}{2}$	$sec\frac{\alpha}{2}-1$	$\widehat{\alpha}$	Min	$tg\frac{\alpha}{2}$	$sec\frac{\alpha}{2}-1$	$\widehat{\alpha}$
0	107·237	46·628	164·061	31	108·211	47·342	164·963
1	68	51	90	32	42	65	92
2	99	74	164·119	33	74	88	165·021
3	107·331	97	48	34	108·306	47·411	50
4	62	46·719	77	35	37	35	79
5	93	42	164·206	36	69	58	165·108
6	107·425	65	35	37	108·401	81	37
7	56	88	65	38	32	47·504	66
8	87	46·811	94	39	64	28	95
9	107·519	34	164·323	40	95	51	165·225
10	50	57	52	41	108·527	74	54
11	81	80	81	42	59	97	83
12	107·613	46·903	164·410	43	91	47·621	165·312
13	44	26	39	44	108·622	44	41
14	76	49	68	45	54	67	70
15	107·707	72	97	46	86	91	99
16	38	95	164·526	47	108·717	47·714	165·428
17	70	47·018	55	48	49	37	57
18	107·801	41	85	49	81	61	86
19	33	64	164·614	50	108·813	84	165·515
20	64	87	43	51	44	47·808	44
21	96	47·110	72	52	76	31	74
22	107·927	33	164·701	53	108·908	54	165·603
23	59	57	30	54	40	78	32
24	90	80	59	55	72	47·901	61
25	108·022	47·203	88	56	109·003	25	90
26	53	26	164·817	57	35	48	165·719
27	85	49	46	58	67	72	48
28	108·116	72	75	59	99	95	77
29	48	95	164·905	60	109·131	48·019	165·806
30	79	47·319	34				

$\alpha = 95^\circ$

Min	$\operatorname{tg}\frac{\alpha}{2}$	$\sec\frac{\alpha}{2} - 1$	$\widehat{\alpha}$	Min	$\operatorname{tg}\frac{\alpha}{2}$	$\sec\frac{\alpha}{2} - 1$	$\widehat{\alpha}$
0	109·131	48·019	165·806	31	110·124	48·752	166·708
1	63	42	35	32	56	76	37
2	95	66	64	33	88	48·800	66
3	109·226	89	94	34	110·220	24	95
4	58	48·113	165·923	35	52	48	166·824
5	90	36	52	36	85	71	53
6	109·322	60	81	37	110·317	95	83
7	54	83	166·010	38	49	48·919	166·912
8	86	48·207	39	39	81	43	41
9	109·418	31	68	40	110·414	67	70
10	50	54	97	41	46	91	99
11	82	78	166·126	42	78	49·015	167·028
12	109·514	48·301	55	43	110·510	39	57
13	46	25	84	44	43	63	86
14	78	49	166·214	45	75	87	167·115
15	109·610	72	43	46	110·607	49·111	44
16	42	96	72	47	40	35	73
17	74	48·420	166·301	48	72	59	167·203
18	109·706	43	30	49	110·705	83	32
19	38	67	59	50	37	49·207	61
20	70	91	88	51	69	31	90
21	109·802	48·514	166·417	52	110·802	55	167·319
22	34	38	46	53	34	79	48
23	66	62	75	54	66	49·303	77
24	99	86	166·504	55	99	27	167·406
25	109·931	48·609	33	56	110·931	51	35
26	63	33	63	57	64	75	64
27	95	57	92	58	96	99	93
28	110·027	81	166·621	59	111·029	49·423	167·523
29	59	48·704	50	60	61	48	52
30	91	28	79				

$\alpha = 96°$

Min	$tg\frac{\alpha}{2}$	$\sec\frac{\alpha}{2}-1$	$\widehat{\alpha}$	Min	$tg\frac{\alpha}{2}$	$\sec\frac{\alpha}{2}-1$	$\widehat{\alpha}$
0	111·061	49·448	167·552	31	112·073	50·201	168·453
1	94	72	81	32	112·106	26	82
2	111·126	96	167·610	33	39	50	168·512
3	59	49·520	39	34	72	75	41
4	91	44	68	35	112·205	99	70
5	111·224	68	97	36	37	50·324	99
6	56	93	167·726	37	70	48	168·628
7	89	49·617	55	38	112·303	73	57
8	111·321	41	84	39	36	97	86
9	54	65	167·813	40	69	50·422	168·715
10	87	90	42	41	112·402	47	44
11	111·419	49·714	72	42	35	71	73
12	52	38	167·901	43	68	96	168·802
13	84	62	30	44	112·501	50·520	32
14	111·517	87	59	45	34	45	61
15	50	49·811	88	46	67	70	90
16	82	35	168·017	47	112·600	94	168·919
17	111·615	60	46	48	33	50·619	48
18	48	84	75	49	66	44	77
19	80	49·908	168·104	50	99	68	169·006
20	111·713	33	33	51	112·732	93	35
21	46	57	62	52	65	50·718	64
22	78	81	92	53	98	43	93
23	111·811	50·006	168·221	54	112·831	67	169·122
24	44	30	50	55	64	92	51
25	77	55	79	56	97	50·817	81
26	111·909	79	168·308	57	112·930	42	169·210
27	42	50·103	37	58	63	66	39
28	75	28	66	59	96	91	68
29	112·008	52	95	60	113·029	50·916	97
30	40	77	168·420				

$\alpha = 97°$

Min	$tg\frac{\alpha}{2}$	$sec\frac{\alpha}{2}-1$	$\widehat{\alpha}$	Min	$tg\frac{\alpha}{2}$	$sec\frac{\alpha}{2}-1$	$\widehat{\alpha}$
0	113·029	50·916	169·297	31	114·062	51·691	170·199
1	63	41	169·326	32	95	51·716	170·228
2	96	66	55	33	114·129	41	57
3	113·129	90	84	34	62	66	86
4	62	51·015	169·413	35	96	91	170·315
5	95	40	42	36	114·229	51·817	44
6	113·228	65	71	37	63	42	73
7	62	90	169·501	38	96	67	170·402
8	95	51·115	30	39	114·330	92	31
9	113·328	40	59	40	63	51·918	60
10	61	65	88	41	97	43	90
11	94	90	169·617	42	114·430	68	170·519
12	113·428	51·215	46	43	64	93	48
13	61	39	75	44	98	52·019	77
14	94	64	169·704	45	114·531	44	170·606
15	113·528	89	33	46	65	69	35
16	61	51·314	62	47	98	95	64
17	94	39	91	48	114·632	52·120	93
18	113·627	64	169·821	49	66	45	170·722
19	61	89	50	50	99	71	51
20	94	51·414	79	51	114·733	96	80
21	113·727	40	169·908	52	67	52·222	170·810
22	61	65	37	53	114·801	47	39
23	94	90	66	54	34	72	68
24	113·828	51·515	95	55	68	98	97
25	61	40	170·024	56	114·902	52·323	170·926
26	94	65	53	57	35	49	55
27	113·928	90	82	58	69	74	84
28	61	51·615	170·111	59	115·003	52·400	171·013
29	95	40	41	60	37	25	42
30	114·028	65	70				

$\alpha = 98°$

Min	$\operatorname{tg}\frac{\alpha}{2}$	$\sec\frac{\alpha}{2} - 1$	$\widehat{\alpha}$	Min	$\operatorname{tg}\frac{\alpha}{2}$	$\sec\frac{\alpha}{2} - 1$	$\widehat{\alpha}$
0	115·037	52·425	171·042	31	116·090	53·222	171·944
1	71	51	71	32	116·124	47	73
2	115·104	76	171·100	33	58	73	172·002
3	38	52·502	30	34	92	99	31
4	72	27	59	35	116·226	53·325	60
5	115·206	53	88	36	61	51	89
6	40	78	171·217	37	95	77	172·119
7	74	52·604	46	38	116·329	53·403	48
8	115·307	30	75	39	63	29	77
9	41	55	171·304	40	98	55	172·206
10	75	81	33	41	116·432	81	35
11	115·409	52·707	62	42	66	53·507	64
12	43	32	91	43	116·500	33	93
13	77	58	171·420	44	35	59	172·322
14	115·511	83	50	45	69	85	51
15	45	52·809	79	46	116·603	53·611	80
16	79	35	171·508	47	38	37	172·409
17	115·613	61	37	48	72	63	39
18	47	86	66	49	116·706	89	68
19	81	52·912	95	50	41	53·715	97
20	115·715	38	171·624	51	75	41	172·526
21	49	63	53	52	116·809	67	55
22	83	89	82	53	44	94	84
23	115·817	53·015	171·711	54	78	53·820	172·613
24	51	41	40	55	116·913	46	42
25	85	67	69	56	47	72	71
26	115·919	92	99	57	82	98	172·700
27	53	53·118	171·828	58	117·016	53·924	29
28	87	44	57	59	50	51	59
29	116·022	70	86	60	85	77	88
30	56	96	171·915				

$\alpha = 99^\circ$

Min	$tg\frac{\alpha}{2}$	$\sec\frac{\alpha}{2} - 1$	$\widehat{\alpha}$	Min	$tg\frac{\alpha}{2}$	$\sec\frac{\alpha}{2} - 1$	$\widehat{\alpha}$
0	117·085	53·977	172·788	31	118·160	54·796	173·689
1	117·119	54·003	172·817	32	95	54·822	173·718
2	54	29	46	33	118·229	49	48
3	88	56	75	34	64	75	77
4	117·223	82	172·904	35	99	54·902	173·806
5	57	54·108	33	36	118·334	29	35
6	92	34	62	37	69	55	64
7	117·327	61	91	38	118·404	82	93
8	61	87	173·020	39	39	55·009	173·922
9	96	54·213	49	40	74	36	51
10	117·430	40	78	41	118·509	62	80
11	65	66	173·108	42	44	89	174·009
12	117·500	92	37	43	79	55·116	38
13	34	54·319	66	44	118·614	42	68
14	69	45	95	45	49	69	97
15	117·603	72	173·224	46	84	96	174·126
16	38	98	53	47	118·719	55·223	55
17	73	54·424	82	48	54	50	84
18	117·708	51	173·311	49	89	76	174·213
19	42	77	40	50	118·824	55·303	42
20	77	54·504	69	51	59	30	71
21	117·812	30	98	52	94	57	174·300
22	46	57	173·428	53	118·929	84	29
23	81	83	57	54	64	55·411	58
24	117·916	54·610	86	55	99	38	87
25	51	36	173·515	56	119·035	65	174·417
26	86	63	44	57	70	92	46
27	118·020	89	73	58	119·105	55·519	75
28	55	54·716	173·602	59	40	45	174·504
29	90	42	31	60	75	72	33
30	118·125	69	60				

$\alpha = 100°$

Min	$\operatorname{tg}\frac{\alpha}{2}$	$\sec\frac{\alpha}{2}-1$	$\widehat{\alpha}$	Min	$\operatorname{tg}\frac{\alpha}{2}$	$\sec\frac{\alpha}{2}-1$	$\widehat{\alpha}$
0	119·175	55·572	174·533	31	120·272	56·414	175·435
1	119·211	99	62	32	120·308	42	64
2	46	55·626	91	33	44	69	93
3	81	53	174·620	34	79	97	175·522
4	119·316	80	49	35	120·415	56·524	51
5	51	55·707	78	36	51	51	80
6	87	34	174·707	37	86	79	175·609
7	119·422	61	37	38	120·522	56·606	38
8	57	89	66	39	58	34	67
9	93	55·816	95	40	93	61	96
10	119·528	43	774·824	41	120·629	89	175·726
11	63	70	53	42	65	56·716	55
12	99	97	82	43	120·700	44	84
13	119·634	55·924	174·911	44	36	71	175·813
14	69	51	40	45	72	99	42
15	119·705	78	69	46	120·808	56·826	71
16	40	56·005	98	47	43	54	175·900
17	76	33	175·027	48	79	81	29
18	119·811	60	57	49	120·915	56·909	58
19	46	87	86	50	51	37	87
20	82	56·114	175·115	51	87	64	176·016
21	119·917	41	44	52	121·022	92	46
22	53	69	73	53	58	57·019	75
23	88	96	175·202	54	94	47	176·104
24	120·024	56·223	31	55	121·130	75	33
25	59	50	60	56	66	57·102	62
26	95	78	89	57	121·202	30	91
27	120·130	56·305	175·318	58	38	58	176·220
28	66	32	47	59	74	86	49
29	120·201	60	77	60	121·310	57·213	78
30	37	87	175·406				

$\alpha = 101°$

Min	$tg\frac{\alpha}{2}$	$sec\frac{\alpha}{2}-1$	$\widehat{\alpha}$	Min	$tg\frac{\alpha}{2}$	$sec\frac{\alpha}{2}-1$	$\widehat{\alpha}$
0	121·310	57·213	176·278	31	122·430	58·080	177·180
1	46	41	176·307	32	67	58·108	177·209
2	82	69	36	33	122·503	36	38
3	121·418	97	66	34	39	64	67
4	54	57·324	95	35	76	92	96
5	90	52	176·424	36	122·612	58·220	177·325
6	121·526	80	53	37	48	49	55
7	62	57·408	82	38	85	77	84
8	98	36	176·511	39	122·721	58·305	177·413
9	121·634	64	40	40	58	33	42
10	70	91	69	41	94	62	71
11	121·706	57·519	98	42	122·831	90	177·500
12	42	47	176·627	43	67	58·418	29
13	78	75	56	44	122·904	47	58
14	121·814	57·603	85	45	40	75	87
15	50	31	176·715	46	77	58·503	177·616
16	86	59	44	47	123·013	32	45
17	121·923	87	73	48	50	60	75
18	59	57·715	176·802	49	86	88	177·704
19	95	43	31	50	123·123	58·617	33
20	122·031	71	60	51	60	45	62
21	67	99	89	52	96	74	91
22	122·104	57·827	176·918	53	123·233	58·702	177·820
23	40	55	47	54	70	31	49
24	76	83	76	55	123·306	59	78
25	122·212	57·911	177·005	56	43	87	177·907
26	49	39	35	57	80	58·816	36
27	85	67	64	58	123·416	44	65
28	122·321	95	93	59	53	73	94
29	58	58·023	177·122	60	90	58·902	178·024
30	94	51	51				

$\alpha = 102°$

Min	$tg \frac{\alpha}{2}$	$sec \frac{\alpha}{2} - 1$	$\widehat{\alpha}$	Min	$tg \frac{\alpha}{2}$	$sec \frac{\alpha}{2} - 1$	$\widehat{\alpha}$
0	123·490	58·902	178·024	31	124·634	59·793	178·925
1	123·526	30	53	32	72	59·822	54
2	63	59	82	33	124·709	51	84
3	123·600	87	178·111	34	46	80	179·013
4	37	59·016	40	35	83	59·909	42
5	73	44	69	36	124·820	38	71
6	123·710	73	98	37	58	67	179·100
7	47	59·102	178·227	38	95	96	29
8	84	30	56	39	124·932	60·025	58
9	123·821	59	85	40	69	54	87
10	58	88	178·314	41	125·007	83	179·216
11	94	59·216	44	42	44	60·112	45
12	123·931	45	73	43	81	41	74
13	68	74	178·402	44	125·118	71	179·303
14	124·005	59·302	31	45	56	60·200	33
15	42	31	60	46	93	29	62
16	79	60	89	47	125·230	58	91
17	124·116	89	178·518	48	68	87	179·420
18	53	59·417	47	49	125·305	60·317	49
19	90	46	76	50	43	46	78
20	124·227	75	178·605	51	80	75	179·507
21	64	59·504	34	52	125·417	60·404	36
22	124·301	33	64	53	55	33	65
23	38	62	93	54	82	63	94
24	75	90	178·722	55	125·530	92	179·623
25	124·412	59·619	51	56	67	60·521	53
26	49	48	80	57	125·605	51	82
27	86	77	178·809	58	42	80	179·711
28	124·523	59·706	38	59	80	60·609	40
29	60	35	67	60	125·717	39	69
30	97	64	96				

$\alpha = 103°$

Min	$\operatorname{tg}\frac{\alpha}{2}$	$\sec\frac{\alpha}{2}-1$	$\widehat{\alpha}$	Min	$\operatorname{tg}\frac{\alpha}{2}$	$\sec\frac{\alpha}{2}-1$	$\widehat{\alpha}$
0	125·717	60·639	179·769	31	126·887	61·556	180·671
1	55	68	98	32	126·925	86	180·700
2	92	98	179·827	33	63	61·616	29
3	125·830	60·727	56	34	127·001	46	58
4	67	56	85	35	39	76	87
5	125·905	86	179·914	36	77	61·705	180·816
6	43	60·815	43	37	127·115	35	45
7	80	45	73	38	53	65	74
8	126·018	74	180·002	39	91	95	180·903
9	55	60·904	31	40	127·230	61·825	32
10	93	33	60	41	68	55	62
11	126·131	63	89	42	127·306	85	91
12	69	92	180·118	43	44	61·915	181·020
13	126·206	61·022	47	44	82	45	49
14	44	51	76	45	127·420	75	78
15	82	81	180·205	46	58	62·005	181·107
16	126·319	61·111	34	47	96	35	36
17	57	40	63	48	127·535	65	65
18	95	70	93	49	73	95	94
19	126·433	99	180·322	50	127·611	62·125	181·223
20	71	61·229	51	51	49	55	52
21	126·508	59	80	52	88	85	82
22	46	88	180·409	53	127·726	62·216	181·311
23	84	61·318	38	54	64	46	40
24	126·622	48	67	55	127·802	76	69
25	60	78	96	56	41	62·306	98
26	98	61·407	180·525	57	79	36	181·427
27	126·736	37	54	58	127·917	66	56
28	74	67	83	59	56	97	85
29	126·811	97	180·612	60	94	62·427	181·514
30	49	61·526	42				

$\alpha = 104°$

Min	$tg\frac{\alpha}{2}$	$sec\frac{\alpha}{2}-1$	$\widehat{\alpha}$	Min	$tg\frac{\alpha}{2}$	$sec\frac{\alpha}{2}-1$	$\widehat{\alpha}$
0	127·994	62·427	181·514	31	129·191	63·371	182·416
1	128·033	57	43	32	129·229	63·402	45
2	71	87	72	33	68	33	74
3	128·109	62·518	181·602	34	129·307	63	182·503
4	48	48	31	35	46	94	32
5	86	78	60	36	85	63·525	61
6	128·225	62·609	89	37	129·424	56	91
7	63	39	181·718	38	63	87	182·620
8	128·302	69	47	39	129·502	63·617	49
9	40	62·700	76	40	41	48	78
10	79	30	181·805	41	79	79	182·707
11	128·417	60	34	42	129·618	63·710	36
12	56	91	63	43	57	41	65
13	94	62·821	92	44	96	72	94
14	128·533	52	181·921	45	129·735	63·803	182·823
15	71	82	51	46	74	33	52
16	128·610	62·913	80	47	129·814	64	81
17	49	43	182·009	48	53	95	182·911
18	87	74	38	49	92	63·926	40
19	128·726	63·004	67	50	129·931	57	69
20	64	35	96	51	70	88	98
21	128·803	65	182·125	52	130·009	64·019	183·027
22	42	96	54	53	48	50	56
23	80	63·126	83	54	87	81	85
24	128·919	57	182·212	55	130·126	64·112	183·114
25	58	87	41	56	66	43	43
26	97	63·218	71	57	130·205	75	72
27	129·035	49	182·300	58	44	64·206	183·201
28	74	79	29	59	83	37	30
29	129·113	63·310	58	60	130·322	68	60
30	52	41	87				

$\alpha = 105°$

Min	$\operatorname{tg}\frac{\alpha}{2}$	$\sec\frac{\alpha}{2} - 1$	$\widehat{\alpha}$	Min	$\operatorname{tg}\frac{\alpha}{2}$	$\sec\frac{\alpha}{2} - 1$	$\widehat{\alpha}$
0	130·322	64·268	183·260	31	131·546	65·241	184·161
1	62	99	89	32	86	72	90
2	130·401	64·330	183·318	33	131·626	65·304	184·220
3	40	61	47	34	66	35	49
4	80	93	76	35	131·705	67	78
5	130·519	64·424	183·405	36	45	99	184·307
6	58	55	34	37	85	65·430	36
7	98	86	63	38	131·825	62	65
8	130·637	64·517	92	39	65	94	94
9	76	49	183·521	40	131·904	65·526	184·423
10	130·716	80	50	41	44	57	52
11	55	64·611	80	42	84	89	81
12	95	43	183·609	43	132·024	65·621	184·510
13	130·834	74	38	44	64	53	39
14	73	64·705	67	45	132·104	85	69
15	130·913	37	96	46	44	65·717	98
16	52	68	183·725	47	84	48	184·627
17	92	99	54	48	132·224	80	56
18	131·031	64·831	83	49	64	65·812	85
19	71	62	183·812	50	132·304	44	184·714
20	131·110	94	41	51	44	76	43
21	50	64·925	70	52	84	65·908	72
22	90	57	183·900	53	132·424	40	184·801
23	131·229	88	29	54	64	72	30
24	69	65·020	58	55	132·504	66·004	59
25	131·308	51	87	56	44	36	89
26	48	83	184·016	57	84	68	184·918
27	88	65·114	45	58	132·624	66·100	47
28	131·427	46	74	59	64	32	76
29	67	77	184·103	60	132·704	64	185·005
30	131·507	65·209	32				

$\alpha = 106°$

Min	$tg\frac{\alpha}{2}$	$sec\frac{\alpha}{2}-1$	$\widehat{\alpha}$	Min	$tg\frac{\alpha}{2}$	$sec\frac{\alpha}{2}-1$	$\widehat{\alpha}$
0	132·704	66·164	185·005	31	133·957	67·166	185·907
1	45	96	34	32	98	98	36
2	85	66·228	63	33	134·038	67·231	65
3	132·825	60	92	34	79	64	94
4	65	92	185·121	35	134·120	96	186·023
5	132·905	66·325	50	36	60	67·329	52
6	46	57	79	37	134·201	62	81
7	86	89	185·209	38	42	94	186·110
8	133·026	66·421	38	39	82	67·427	39
9	66	53	67	40	134·323	60	68
10	133·107	85	96	41	64	92	98
11	47	66·518	185·325	42	134·405	67·525	186·227
12	88	50	54	43	45	58	56
13	133·228	82	83	44	87	91	85
14	68	66·615	185·412	45	134·527	67·623	186·314
15	133·309	47	41	46	68	56	43
16	49	79	70	47	134·609	89	72
17	89	66·711	99	48	50	67·722	186·401
18	133·430	44	185·528	49	91	55	30
19	70	76	58	50	134·732	88	59
20	133·511	66·809	87	51	73	67·821	88
21	50	41	185·616	52	134·814	53	186·518
22	92	73	45	53	55	86	47
23	133·632	66·906	74	54	96	67·919	76
24	73	38	185·703	55	134·937	52	186·605
25	133·713	71	32	56	78	85	34
26	54	67·003	61	57	135·019	68·018	63
27	94	36	90	58	60	51	92
28	133·835	68	185·819	59	135·101	84	186·721
29	76	67·101	48	60	42	68·117	50
30	133·916	33	78				

$\alpha = 107°$

Min	$\text{tg}\frac{\alpha}{2}$	$\sec\frac{\alpha}{2}-1$	$\widehat{\alpha}$	Min	$\text{tg}\frac{\alpha}{2}$	$\sec\frac{\alpha}{2}-1$	$\widehat{\alpha}$
0	135·142	68·117	186·750	31	136·424	69·150	187·652
1	83	50	79	32	66	83	81
2	135·224	83	186·808	33	136·508	69·217	187·710
3	66	68·216	37	34	49	50	39
4	135·307	50	67	35	91	84	68
5	48	83	96	36	136·633	69·318	97
6	89	68·316	186·925	37	74	51	187·827
7	135·430	49	54	38	136·716	85	56
8	72	82	83	39	58	69·419	85
9	135·513	68·415	187·012	40	136·800	52	187·914
10	54	49	41	41	41	86	43
11	95	82	70	42	83	69·520	72
12	135·637	68·515	99	43	136·925	54	188·001
13	78	48	187·128	44	67	87	30
14	135·719	81	57	45	137·009	69·621	59
15	61	68·615	87	46	50	55	88
16	135·802	48	187·216	47	92	89	188·117
17	43	81	45	48	137·134	69·723	46
18	85	68·715	74	49	76	57	76
19	135·926	48	187·303	50	137·218	90	188·205
20	68	81	32	51	60	69·824	34
21	136·009	68·815	61	52	137·302	58	63
22	50	48	90	53	44	92	92
23	92	82	187·419	54	86	69·926	188·321
24	136·133	68·915	48	55	137·428	60	50
25	75	49	77	56	70	94	79
26	136·216	82	187·507	57	137·512	70·028	188·408
27	58	69·016	36	58	54	62	37
28	136·300	49	65	59	96	96	66
29	41	83	94	60	137·638	70·130	96
30	83	69·116	187·623				

$\alpha = 108°$

Min	$tg\frac{\alpha}{2}$	$\sec\frac{\alpha}{2}-1$	$\widehat{\alpha}$	Min	$tg\frac{\alpha}{2}$	$\sec\frac{\alpha}{2}-1$	$\widehat{\alpha}$
0	137·638	70·130	188·496	31	138·951	71·194	189·397
1	80	64	188·525	32	94	71·229	189·426
2	137·722	98	54	33	139·037	63	55
3	65	70·232	83	34	79	98	85
4	137·807	66	188·612	35	139·122	71·333	189·514
5	49	70·301	41	36	65	67	43
6	91	35	70	37	139·207	71·402	72
7	137·933	69	99	38	50	37	189·601
8	75	70·403	188·728	39	93	72	30
9	138·018	37	57	40	139·336	71·506	59
10	60	72	86	41	78	41	88
11	138·102	70·506	188·816	42	139·421	76	189·717
12	45	40	45	43	64	71·611	46
13	87	74	74	44	139·507	46	75
14	138·229	70·609	188·903	45	50	80	189·805
15	72	43	32	46	93	71·715	34
16	138·314	77	61	47	139·636	50	63
17	56	70·712	90	48	78	85	92
18	99	46	189·019	49	139·721	71·820	189·921
19	138·441	80	48	50	64	55	50
20	83	70·815	77	51	139·807	90	79
21	138·526	49	189·106	52	50	71·925	190·008
22	68	84	36	53	93	60	37
23	138·611	70·918	65	54	139·936	95	66
24	53	52	94	55	79	72·030	95
25	96	87	189·223	56	140·022	65	190·125
26	138·738	71·021	52	57	65	72·100	54
27	81	56	81	58	140·109	35	83
28	138·824	91	189·310	59	52	70	190·212
29	66	71·125	39	60	95	72·205	41
30	138·909	60	68				

$\alpha = 109°$

Min	$\operatorname{tg}\frac{\alpha}{2}$	$\sec\frac{\alpha}{2} - 1$	$\widehat{\alpha}$	Min	$\operatorname{tg}\frac{\alpha}{2}$	$\sec\frac{\alpha}{2} - 1$	$\widehat{\alpha}$
0	140·195	72·205	190·241	31	141·544	73·302	191·143
1	140·238	40	70	32	84	38	72
2	81	75	99	33	141·628	74	191·201
3	140·324	72·310	190·328	34	71	73·409	30
4	67	46	57	35	141·715	45	59
5	140·411	81	86	36	59	81	88
6	54	72·416	190·415	37	141·803	73·517	191·317
7	97	51	45	38	47	52	46
8	140·540	87	74	39	90	88	75
9	84	72·522	190·503	40	141·934	73·624	191·404
10	140·627	57	32	41	78	60	34
11	70	92	61	42	142·022	96	63
12	140·714	72·628	90	43	66	73·732	92
13	57	63	190·619	44	142·110	68	191·521
14	140·800	98	48	45	54	73·804	50
15	44	72·734	77	46	98	39	79
16	87	69	190·706	47	142·242	75	191·608
17	140·931	72·805	35	48	86	73·911	37
18	74	40	64	49	142·330	47	66
19	141·017	75	94	50	74	83	95
20	61	72·911	190·823	51	142·418	74·019	191·724
21	141·104	46	52	52	62	56	54
22	48	82	81	53	142·506	92	83
23	91	73·017	190·910	54	50	74·128	191·812
24	141·235	53	39	55	94	64	41
25	79	89	68	56	142·638	74·200	70
26	141·322	73·124	97	57	82	36	89
27	66	60	191·026	58	142·726	72	191·928
28	141·409	95	55	59	71	74·308	57
29	53	73·231	84	60	142·815	45	86
30	97	67	191·114				

$\alpha = 110^\circ$

Min	$tg\frac{\alpha}{2}$	$\sec\frac{\alpha}{2}-1$	$\widehat{\alpha}$	Min	$tg\frac{\alpha}{2}$	$\sec\frac{\alpha}{2}-1$	$\widehat{\alpha}$
0	142·815	74·345	191·986	31	144·194	75·476	192·888
1	59	81	192·015	32	144·239	75·513	192·917
2	142·903	74·417	44	33	84	50	46
3	47	53	73	34	144·329	87	75
4	92	89	192·103	35	73	75·624	193·004
5	143·036	74·526	32	36	144·418	61	33
6	80	62	61	37	63	98	63
7	143·125	99	90	38	144·508	75·734	92
8	69	74·635	192·219	39	53	71	193·121
9	143·213	71	48	40	98	75·808	50
10	58	74·708	77	41	144·643	45	79
11	143·302	44	192·306	42	88	82	193·208
12	47	81	35	43	144·733	75·919	37
13	91	74·817	64	44	78	56	66
14	143·435	53	93	45	144·823	93	95
15	80	90	192·423	46	68	76·031	193·324
16	143·524	74·926	52	47	144·913	68	53
17	69	63	81	48	58	76·105	82
18	143·614	75·000	192·510	49	145·003	42	193·412
19	58	36	39	50	48	79	41
20	143·703	73	68	51	94	76·216	70
21	47	75·109	97	52	145·139	53	99
22	92	46	192·626	53	84	91	193·528
23	143·836	83	55	54	145·229	76·328	57
24	81	75·219	84	55	74	65	86
25	143·926	56	192·713	56	145·320	76·402	193·615
26	70	93	43	57	65	40	44
27	144·015	75·329	72	58	145·410	77	73
28	60	66	192·801	59	56	76·514	193·702
29	144·105	75·403	30	60	145·501	52	32
30	49	40	59				

α = 111°

Min	tg $\frac{\alpha}{2}$	sec $\frac{\alpha}{2}$ —1	$\widehat{\alpha}$	Min	tg $\frac{\alpha}{2}$	sec $\frac{\alpha}{2}$ —1	$\widehat{\alpha}$
0	145·501	76·552	193·732	31	146·916	77·719	194·633
1	46	89	61	32	62	57	62
2	92	76·626	90	33	147·007	95	91
3	145·637	64	193·819	34	53	77·833	194·721
4	82	76·701	48	35	99	71	50
5	145·728	39	77	36	147·145	77·909	79
6	73	76	193·906	37	92	48	194·808
7	145·819	76·814	35	38	147·238	26	37
8	64	51	64	39	84	78·024	66
9	145·910	89	93	40	147·330	62	95
10	55	76·926	194·022	41	76	78·100	194·924
11	146·001	64	52	42	147·422	38	53
12	46	77·001	81	43	68	77	82
13	92	39	194·110	44	147·514	78·215	195·011
14	146·137	77	39	45	61	53	41
15	83	77·114	68	46	147·607	91	70
16	146·229	52	97	47	53	78·330	99
17	74	90	194·226	48	99	68	195·128
18	146·320	77·227	55	49	147·746	78·406	57
19	66	65	84	50	92	45	86
20	146·411	77·303	194·313	51	147·838	83	195·215
21	57	41	42	52	85	78·521	44
22	146·503	78	72	53	147·931	60	73
23	49	77·416	194·401	54	77	98	195·302
24	95	54	30	55	148·024	78·637	31
25	146·640	92	59	56	70	75	61
26	86	77·530	88	57	148·117	78·713	90
27	146·732	68	194·517	58	63	52	195·419
28	78	77·606	46	59	148·210	91	48
29	146·824	43	75	60	56	78·829	77
30	70	81	194·604				

$\alpha = 112^\circ$

Min	$\operatorname{tg}\frac{\alpha}{2}$	$\sec\frac{\alpha}{2}-1$	$\widehat{\alpha}$	Min	$\operatorname{tg}\frac{\alpha}{2}$	$\sec\frac{\alpha}{2}-1$	$\widehat{\alpha}$
0	148·256	78·829	195·477	31	149·708	80·034	196·379
1	148·303	68	195·506	32	55	74	196·408
2	49	88·906	35	33	149·802	80·113	37
3	96	45	64	34	49	52	66
4	148·442	84	93	35	96	91	95
5	89	79·022	195·622	36	149·944	80·231	196·524
6	148·535	61	51	37	91	70	53
7	82	79·100	80	38	150·038	80·309	82
8	148·629	38	195·710	39	85	49	196·611
9	75	77	39	40	150·133	88	40
10	148·722	79·216	68	41	80	80·427	70
11	69	54	97	42	150·227	67	99
12	148·816	93	195·826	43	75	80·506	196·728
13	62	79·332	55	44	150·322	46	57
14	148·909	71	84	45	70	85	86
15	56	79·410	195·913	46	150·417	80·625	196·815
16	149·003	49	42	47	65	64	44
17	50	88	71	48	150·512	80·704	73
18	97	79·527	196·000	49	60	43	196·902
19	149·143	65	30	50	150·607	83	31
20	90	79·604	59	51	55	80·823	60
21	149·237	43	88	52	150·702	62	89
22	84	82	196·117	53	50	80·902	197·019
23	149·331	79·721	46	54	97	42	48
24	78	60	75	55	150·845	81	77
25	149·425	79·800	196·204	56	93	81·021	197·106
26	72	39	33	57	150·940	61	35
27	149·519	78	62	58	88	81·100	64
28	66	79·917	91	59	151·036	40	93
29	149·613	56	196·320	60	83	80	197·222
30	61	95	50				

$\alpha = 113°$

Min	$\mathrm{tg}\frac{\alpha}{2}$	$\sec\frac{\alpha}{2} - 1$	$\widehat{\alpha}$	Min	$\mathrm{tg}\frac{\alpha}{2}$	$\sec\frac{\alpha}{2} - 1$	$\widehat{\alpha}$
0	151·083	81·180	197·222	31	152·574	82·425	198·124
1	151·131	81·220	51	32	152·622	65	53
2	79	60	80	33	71	82·506	82
3	151·227	81·300	197·309	34	152·719	46	198·211
4	75	40	39	35	67	87	40
5	151·322	79	68	36	152·816	82·627	69
6	70	81·419	97	37	64	68	98
7	151·418	59	197·426	38	152·913	82·708	198·328
8	66	99	55	39	62	49	57
9	151·514	81·539	84	40	153·010	90	86
10	62	79	197·513	41	59	82·830	198·415
11	151·610	81·619	42	42	153·107	71	44
12	68	59	71	43	56	82·912	73
13	151·706	99	197·600	44	153·205	53	198·502
14	54	81·740	29	45	53	93	31
15	151·802	80	59	46	153·302	83·034	60
16	50	81·820	88	47	51	75	89
17	98	60	197·717	48	153·400	83·116	198·618
18	151·946	81·900	46	49	48	57	48
19	94	40	75	50	97	98	77
20	152·043	81	197·804	51	153·546	83·239	198·706
21	91	82·021	33	52	95	80	35
22	152·139	61	62	53	153·644	83·321	64
23	87	82·101	91	54	93	61	93
24	152·235	42	197·920	55	153·742	83·402	198·822
25	84	82	49	56	91	43	51
26	152·332	82·222	79	57	153·839	85	80
27	80	63	198·008	58	88	83·526	198·909
28	152·429	82·303	37	59	153·937	67	38
29	77	44	66	60	86	83·608	68
30	152·525	84	95				

$\alpha = 114°$

Min	$\operatorname{tg}\frac{\alpha}{2}$	$\sec\frac{\alpha}{2}-1$	$\widehat{\alpha}$	Min	$\operatorname{tg}\frac{\alpha}{2}$	$\sec\frac{\alpha}{2}-1$	$\widehat{\alpha}$
0	153·986	83·608	198·968	31	155·517	84·893	199·869
1	154·035	49	97	32	67	84·935	98
2	85	90	199·026	33	155·617	77	199·927
3	154·134	83·731	55	34	66	85·019	57
4	83	72	84	35	155·716	61	86
5	154·232	83·814	199·113	36	66	85·103	200·015
6	81	55	42	37	155·816	45	44
7	154·330	96	71	38	66	87	73
8	79	83·938	199·200	39	155·916	85·229	200·102
9	154·429	79	29	40	65	71	31
10	78	84·020	58	41	156·015	85·313	60
11	154·527	61	88	42	65	55	89
12	76	84·103	199·317	43	156·115	97	200·218
13	154·626	44	46	44	65	85·439	47
14	75	86	75	45	156·215	81	77
15	154·724	84·227	199·404	46	65	85·523	200·306
16	74	69	33	47	156·315	65	35
17	154·823	84·310	62	48	66	85·608	64
18	73	52	91	49	156·416	50	93
19	154·922	93	199·520	50	66	92	200·422
20	71	84·435	49	51	156·516	85·734	51
21	155·021	76	78	52	66	77	80
22	70	84·518	199·607	53	156·616	85·819	200·509
23	155·120	60	37	54	67	61	38
24	70	84·601	66	55	156·717	85·904	67
25	155·219	43	95	56	67	46	97
26	69	85	199·724	57	156·817	89	200·626
27	155·318	84·726	53	58	68	86·031	55
28	68	68	82	59	156·918	73	84
29	155·418	84·810	199·811	60	69	86·116	200·713
30	67	52	40				

$\alpha = 115°$

Min	$\operatorname{tg}\frac{\alpha}{2}$	$\sec\frac{\alpha}{2} - 1$	$\widehat{\alpha}$	Min	$\operatorname{tg}\frac{\alpha}{2}$	$\sec\frac{\alpha}{2} - 1$	$\widehat{\alpha}$
0	156·969	86·116	200·713	31	158·541	87·444	201·615
1	157·019	58	42	32	93	88	44
2	69	86·201	71	33	158·644	87·531	73
3	157·120	43	200·800	34	95	54	201·702
4	70	86	29	35	158·746	87·617	31
5	157·221	86·329	58	36	97	61	60
6	71	71	87	37	158·848	87·704	89
7	157·322	86·414	200·916	38	158·900	48	201·818
8	72	57	46	39	51	91	47
9	157·423	99	75	40	159·002	87·834	76
10	74	86·542	201·004	41	54	78	201·906
11	157·524	85	33	42	159·105	87·921	35
12	75	86·627	62	43	56	65	64
13	157·625	70	91	44	159·208	88·008	93
14	76	86·713	201·120	45	59	52	202·022
15	157·727	56	49	46	159·311	95	51
16	78	99	78	47	62	88·139	80
17	157·828	86·842	201·207	48	159·414	83	202·109
18	79	84	36	49	65	88·226	38
19	157·930	86·927	66	50	159·517	70	67
20	81	70	95	51	68	88·314	96
21	158·032	87·013	201·324	52	159·620	57	202·225
22	82	56	53	53	71	88·401	55
23	158·133	99	82	54	159·723	45	84
24	84	87·142	201·411	55	75	89	202·313
25	158·235	85	40	56	159·827	88·532	42
26	86	87·229	69	57	78	76	71
27	158·337	72	98	58	159·930	88·620	202·400
28	88	87·315	201·527	59	82	64	29
29	158·439	58	56	60	160·033	88·708	58
30	90	87·401	86				

$\alpha = 116°$

Min	$\mathrm{tg}\frac{\alpha}{2}$	$\sec\frac{\alpha}{2}-1$	$\widehat{\alpha}$	Min	$\mathrm{tg}\frac{\alpha}{2}$	$\sec\frac{\alpha}{2}-1$	$\widehat{\alpha}$
0	160·033	88·708	202·458	31	161·651	90·081	203·360
1	85	52	87	32	161·703	90·126	89
2	160·137	96	202·516	33	56	71	203·418
3	89	88·840	45	34	161·808	90·216	47
4	160·241	84	75	35	61	60	76
5	93	88·928	202·604	36	161·914	90·305	203·505
6	160·345	72	33	37	66	50	34
7	97	89·016	62	38	162·019	95	64
8	160·449	60	91	39	72	90·440	93
9	160·501	89·104	202·720	40	162·125	85	203·622
10	53	48	49	41	77	90·530	51
11	160·605	93	78	42	162·230	75	80
12	57	89·237	202·807	43	83	90·619	203·709
13	160·709	81	36	44	162·336	65	38
14	61	89·325	65	45	89	90·710	67
15	160·813	70	95	46	162·442	55	96
16	65	89·414	202·924	47	95	90·800	203·825
17	160·917	58	53	48	162·548	45	54
18	70	89·503	82	49	162·601	90	84
19	161·022	47	203·011	50	54	90·935	203·913
20	74	91	40	51	162·707	80	42
21	161·126	89·636	69	52	60	91·025	71
22	79	80	98	53	162·813	71	204·000
23	161·231	89·725	203·127	54	66	91·116	29
24	83	69	56	55	162·919	61	58
25	161·336	89·814	85	56	72	91·207	87
26	88	58	203·215	57	163·025	52	204·116
27	161·441	89·903	44	58	79	97	45
28	93	48	73	59	163·132	91·343	74
29	161·546	92	203·302	60	85	88	204·204
30	98	90·037	31				

$\alpha = 117°$

Min	$\mathrm{tg}\frac{\alpha}{2}$	$\sec\frac{\alpha}{2}-1$	$\widehat{\alpha}$	Min	$\mathrm{tg}\frac{\alpha}{2}$	$\sec\frac{\alpha}{2}-1$	$\widehat{\alpha}$
0	163·185	91·388	204·204	31	164·849	92·809	205·105
1	163·238	91·433	33	32	164·903	55	34
2	92	79	62	33	57	92·901	63
3	163·345	91·524	91	34	165·011	47	93
4	98	70	204·320	35	65	94	205·222
5	163·452	91·615	49	36	165·120	93·040	51
6	163·505	61	78	37	74	86	80
7	59	91·707	204·407	38	165·228	93·133	205·309
8	163·612	52	36	39	82	79	38
9	66	98	65	40	165·337	93·226	67
10	163·719	91·844	94	41	91	72	96
11	73	89	204·523	42	165·445	93·319	205·425
12	163·826	91·935	53	43	165·500	65	54
13	80	81	82	44	54	93·412	83
14	163·933	92·026	204·611	45	165·608	58	205·513
15	87	72	40	46	63	93·505	42
16	164·041	92·118	69	47	165·717	52	71
17	94	64	98	48	72	98	205·600
18	164·148	92·210	204·727	49	165·826	93·645	29
19	164·202	56	56	50	81	92	58
20	56	92·302	85	51	165·935	93·738	87
21	164·309	48	204·814	52	90	85	205·716
22	63	94	43	53	166·045	93·832	45
23	164·417	92·440	73	54	99	79	74
24	71	86	204·902	55	166·154	93·926	205·803
25	164·525	92·532	31	56	166·209	73	32
26	79	78	60	57	64	94·019	62
27	164·633	92·624	89	58	166·318	66	91
28	87	70	205·018	59	73	94·113	205·920
29	164·741	92·716	47	60	166·428	60	49
30	95	62	76				

α= 118°

Min	$tg\frac{\alpha}{2}$	$\sec\frac{\alpha}{2}-1$	$\widehat{\alpha}$	Min	$tg\frac{\alpha}{2}$	$\sec\frac{\alpha}{2}-1$	$\widehat{\alpha}$
0	166·428	94·160	205·949	31	168·140	95·630	206·851
1	83	94·207	78	32	96	78	80
2	166·538	54	206·007	33	168·252	95·726	206·909
3	93	94·301	36	34	168·308	74	38
4	166·647	49	65	35	63	95·822	67
5	166·702	96	94	36	168·419	70	96
6	57	94·443	206·123	37	75	95·918	207·025
7	166·812	90	52	38	168·531	66	54
8	67	94·537	82	39	87	96·014	83
9	166·922	84	206·211	40	168·643	62	207·112
10	78	94·632	40	41	98	96·110	41
11	167·033	79	69	42	168·754	58	71
12	88	94·726	98	43	168·810	96·206	207·200
13	167·143	74	206·327	44	66	55	29
14	98	94·821	56	45	168·922	96·303	58
15	167·253	68	85	46	79	51	87
16	167·309	94·916	206·414	47	169·035	99	207·316
17	64	63	43	48	91	96·448	45
18	167·419	95·011	72	49	169·147	96	74
19	75	58	206·502	50	169·203	96·544	207·403
20	167·530	95·106	31	51	59	93	32
21	85	53	60	52	169·315	96·641	61
22	167·641	95·201	89	53	72	90	91
23	96	48	206·618	54	169·428	96·738	207·520
24	167·752	96	47	55	84	86	49
25	167·807	95·344	76	56	169·541	96·835	78
26	63	91	206·705	57	97	84	207·607
27	167·918	95·439	34	58	169·653	96·932	36
28	74	87	63	59	169·710	81	65
29	168·029	95·535	92	60	66	97·029	94
20	85	83	206·822				

$\alpha = 119^\circ$

Min	$\mathrm{tg}\,\frac{\alpha}{2}$	$\sec\frac{\alpha}{2}-1$	$\widehat{\alpha}$	Min	$\mathrm{tg}\,\frac{\alpha}{2}$	$\sec\frac{\alpha}{2}-1$	$\widehat{\alpha}$
0	169·766	97·029	207·694	31	171·530	98·551	208·596
1	169·823	78	207·723	32	87	98·601	208·625
2	79	97·127	52	33	171·645	50	54
3	169·936	75	81	34	171·702	98·700	83
4	92	97·224	207·811	35	60	50	208·712
5	170·049	73	40	36	171·817	99	41
6	170·106	97·322	69	37	75	98·849	70
7	62	71	98	38	171·932	99	208·800
8	170·219	97·420	207·927	39	90	98·948	29
9	76	68	56	40	172·047	98	58
10	170·332	97·517	85	41	172·105	99·048	87
11	89	66	208·014	42	63	98	208·916
12	170·446	97·615	43	43	172·220	99·148	45
13	170·503	64	72	44	78	98	74
14	59	97·713	208·101	45	172·336	99·248	209·003
15	170·616	62	31	46	93	97	32
16	73	97·811	60	47	172·451	99·347	61
17	170·730	61	89	48	172·509	97	90
18	87	97·910	208·218	49	67	99·447	209·120
19	170·844	59	47	50	172·625	98	49
20	170·901	98·008	76	51	83	99·548	78
21	58	57	208·305	52	172·741	98	209·207
22	171·015	98·107	34	53	99	99·648	36
23	72	56	63	54	172·856	98	65
24	171·129	98·205	92	55	172·915	99·748	94
25	87	55	208·421	56	73	99	209·323
26	171·244	98·304	50	57	173·031	99·849	52
27	171·301	53	80	58	89	99	81
28	58	98·403	208·509	59	173·147	99·950	209·410
29	171·415	52	38	60	173·205	100·000	40
30	73	98·502	67				

$\alpha = 120°$

Min	$\text{tg}\frac{\alpha}{2}$	$\sec\frac{\alpha}{2}-1$	$\widehat{\alpha}$	Min	$\text{tg}\frac{\alpha}{2}$	$\sec\frac{\alpha}{2}-1$	$\widehat{\alpha}$
0	173·205	100·000	209·440	31	175·023	101·576	210·341
1	63	50	69	32	82	101·628	70
2	173·321	100·101	98	33	175·141	79	99
3	80	51	209·527	34	175·200	101·730	210·429
4	173·438	100·202	56	35	59	82	58
5	96	52	85	36	175·319	101·833	87
6	173·555	100·303	209·614	37	78	85	210·516
7	173·613	53	43	38	175·437	101·936	45
8	71	100·404	72	39	96	88	74
9	173·730	55	209·701	40	175·556	102·039	210·603
10	88	100·505	30	41	175·615	91	32
11	173·847	56	59	42	75	102·142	61
12	173·905	100·607	89	43	175·734	94	90
13	64	57	209·818	44	94	102·246	210·719
14	174·022	100·708	47	45	175·853	98	49
15	81	59	76	46	175·913	102·349	78
16	174·140	100·810	209·905	47	72	102·401	210·807
17	98	61	34	48	176·032	53	36
18	174·257	100·912	63	49	91	102·505	65
19	174·316	63	92	50	176·151	57	94
20	74	101·014	210·021	51	176·211	102·609	210·923
21	174·433	65	50	52	70	61	52
22	92	101·116	79	53	176·330	102·712	81
23	174·551	67	210·109	54	90	64	211·010
24	174·610	101·218	38	55	176·450	102·816	39
25	69	69	67	56	176·510	69	68
26	174·728	101·320	96	57	70	102·921	98
27	87	71	210·225	58	176·629	73	211·127
28	174·846	101·422	54	59	89	103·025	56
29	174·905	74	83	60	176·749	77	85
30	64	101·525	210·312				

α = 121°

Min	$tg\frac{\alpha}{2}$	$\sec\frac{\alpha}{2}-1$	$\widehat{\alpha}$	Min	$tg\frac{\alpha}{2}$	$\sec\frac{\alpha}{2}-1$	$\widehat{\alpha}$
0	176·749	103·077	211·185	31	178·624	104·711	212·087
1	176·809	103·129	211·214	32	85	64	212·116
2	69	82	43	33	178·746	104·817	45
3	176·929	103·234	72	34	178·807	70	74
4	90	86	211·301	35	68	104·924	212·203
5	177·050	103·339	30	36	178·929	77	32
6	177·110	91	59	37	90	105·030	61
7	70	103·443	88	38	179·051	84	90
8	177·230	96	211·418	39	179·112	105·137	212·319
9	90	103·548	47	40	74	91	48
10	177·351	103·601	76	41	179·235	105·244	77
11	177·411	53	211·505	42	96	98	212·407
12	71	103·706	34	43	179·357	105·351	36
13	177·532	58	63	44	179·419	105·405	65
14	92	103·811	92	45	80	58	94
15	177·653	64	211·621	46	179·542	105·512	212·523
16	177·713	103·916	50	47	179·603	66	52
17	74	69	79	48	64	105·619	81
18	177·834	104·022	211·708	49	179·726	73	212·610
19	95	75	38	50	88	105·727	39
20	177·955	104·128	67	51	179·849	81	68
21	178·016	80	96	52	179·911	105·835	97
22	76	104·233	211·825	53	72	88	212·727
23	178·137	86	54	54	180·034	105·942	56
24	98	104·339	83	55	96	96	85
25	178·259	92	211·912	56	180·157	106·050	212·814
26	178·319	104·445	41	57	180·219	106·104	43
27	80	98	70	58	81	58	72
28	178·441	104·551	99	59	180·343	106·212	212·901
29	178·502	104·604	212·028	60	180·405	66	30
30	63	57	58				

$\alpha = 122°$

Min	$tg\frac{\alpha}{2}$	$sec\frac{\alpha}{2}-1$	$\widehat{\alpha}$	Min	$tg\frac{\alpha}{2}$	$sec\frac{\alpha}{2}-1$	$\widehat{\alpha}$
0	180·405	106·266	212·930	31	182·339	107·960	213·832
1	67	106·321	59	32	182·402	108·015	61
2	180·529	75	88	33	65	70	90
3	91	106·429	213·017	34	182·528	108·126	213·919
4	180·653	83	47	35	91	81	48
5	180·715	106·538	76	36	182·654	108·236	77
6	77	92	213·105	37	182·717	92	214·006
7	180·839	106·646	34	38	80	108·347	36
8	180·901	106·701	63	39	182·843	108·402	65
9	63	55	92	40	182·906	58	94
10	181·025	106·809	213·221	41	69	108·513	214·123
11	87	64	50	42	183·033	69	52
12	181·150	106·918	79	43	96	108·624	81
13	181·212	73	213·308	44	183·159	80	214·210
14	74	107·027	37	45	183·223	108·736	39
15	181·337	82	67	46	86	91	68
16	99	107·137	96	47	183·349	108·847	97
17	181·461	91	213·425	48	183·413	108·903	214·326
18	181·524	107·246	54	49	76	58	56
19	86	107·308	83	50	183·540	109·014	85
20	181·649	56	213·512	51	183·604	70	214·414
21	181·711	107·410	41	52	67	109·126	43
22	74	65	70	53	183·731	82	72
23	181·837	107·520	99	54	94	109·238	214·501
24	99	75	213·628	55	183·858	94	30
25	181·962	107·630	57	56	183·922	109·350	59
26	182·025	85	86	57	86	109·406	88
27	87	107·740	213·716	58	184·049	62	214·617
28	182·150	95	45	59	184·113	109·518	46
29	182·213	107·850	74	60	77	74	75
30	76	107·905	213·803				

$\alpha = 123°$

Min	tg $\frac{\alpha}{2}$	sec $\frac{\alpha}{2}$ —1	$\widehat{\alpha}$	Min	tg $\frac{\alpha}{2}$	sec $\frac{\alpha}{2}$ —1	$\widehat{\alpha}$
0	184·177	109·574	214·675	31	186·174	111·331	215·577
1	184·241	109·630	214·705	32	186·239	88	215·606
2	184·305	86	34	33	186·304	111·445	35
3	69	109·742	63	34	69	111·503	65
4	184·433	99	92	35	186·434	60	94
5	97	109·855	214·821	36	99	111·617	215·723
6	184·561	109·911	50	37	186·564	75	52
7	184·625	68	79	38	186·629	111·732	81
8	89	110·024	214·908	39	95	90	215·810
9	184·753	80	37	40	186·760	111·847	39
10	184·818	110·137	66	41	186·825	111·905	68
11	82	93	95	42	91	62	97
12	184·946	110·250	215·025	43	186·956	112·020	215·926
13	185·010	110·307	54	44	187·021	78	55
14	75	63	83	45	87	112·135	84
15	185·139	110·420	215·112	46	187·152	93	216·014
16	185·204	76	41	47	187·218	112·251	43
17	68	110·533	70	48	83	112·309	72
18	185·332	90	99	49	187·349	67	216·101
19	97	110·647	215·228	50	187·415	112·425	30
20	185·462	110·704	57	51	80	82	59
21	185·526	60	86	52	187·546	112·540	88
22	91	110·817	215·315	53	187·612	98	216·217
23	185·655	74	45	54	77	112·656	46
24	185·720	110·931	74	55	187·743	112·715	75
25	85	88	215·403	56	187·809	73	216·304
26	185·850	111·045	32	57	75	112·831	34
27	185·914	111·102	61	58	187·941	89	63
28	79	59	90	59	188·007	112·947	92
29	186·044	111·216	215·519	60	73	113·005	216·421
30	186·109	74	48				

$\alpha = 124°$

Min	$tg\frac{\alpha}{2}$	$\sec\frac{\alpha}{2}-1$	$\widehat{\alpha}$	Min	$tg\frac{\alpha}{2}$	$\sec\frac{\alpha}{2}-1$	$\widehat{\alpha}$
0	188·073	113·005	216·421	31	190·136	114·829	217·323
1	188·139	64	50	32	190·203	89	52
2	188·205	113·122	79	33	70	114·948	81
3	78	80	216·508	34	190·337	115·008	217·410
4	188·337	113·239	37	35	190·405	67	39
5	188·403	97	66	36	72	115·127	68
6	69	113·356	95	37	190·539	86	97
7	188·535	113·414	216·624	38	190·607	115·246	217·526
8	188·602	73	54	39	74	115·306	55
9	68	113·531	83	40	190·741	65	84
10	188·734	90	216·712	41	190·809	115·425	217·613
11	188·801	113·649	41	42	76	85	43
12	67	113·707	70	43	190·944	115·545	72
13	188·934	66	99	44	191·012	115·605	217·701
14	189·000	113·825	216·828	45	79	65	30
15	67	83	57	46	191·147	115·725	59
16	189·133	113·942	86	47	191·215	85	88
17	189·200	114·001	216·915	48	82	115·845	217·817
18	66	60	44	49	191·350	115·905	46
19	189·333	114·119	74	50	191·418	65	75
20	189·400	78	217·003	51	86	116·025	217·904
21	66	114·237	32	52	191·554	85	33
22	189·533	96	61	53	191·622	116·145	63
23	189·600	114·355	90	54	90	116·206	92
24	67	114·414	217·119	55	191·758	66	218·021
25	189·734	73	48	56	191·826	116·326	50
26	189·801	114·533	77	57	94	87	79
27	68	92	217·206	58	191·962	116·447	218·108
28	189·935	114·651	35	59	192·030	116·508	37
29	190·002	114·710	64	60	98	68	66
30	69	70	93				

$\alpha = 125°$

Min	$\mathrm{tg}\frac{\alpha}{2}$	$\sec\frac{\alpha}{2}-1$	$\widehat{\alpha}$	Min	$\mathrm{tg}\frac{\alpha}{2}$	$\sec\frac{\alpha}{2}-1$	$\widehat{\alpha}$
0	192·098	116·568	218·166	31	194·231	118·462	219·068
1	192·166	116·629	95	32	194·301	118·524	97
2	192·235	89	218·224	33	70	86	219·126
3	192·303	116·750	53	34	194·440	118·648	55
4	71	116·810	83	35	194·509	118·710	84
5	192·440	71	218·312	36	79	71	219·213
6	192·508	116·932	41	37	194·649	118·833	42
7	77	92	70	38	194·718	95	72
8	192·645	117·053	99	39	88	118·957	219·301
9	192·714	117·114	218·428	40	194·858	119·019	30
10	82	75	57	41	194·927	82	59
11	192·851	117·236	86	42	97	119·144	88
12	192·920	97	218·515	43	195·067	119·206	219·417
13	88	117·358	44	44	195·137	68	46
14	193·057	117·419	73	45	195·207	119·330	75
15	193·126	80	218·602	46	77	93	219·504
16	95	117·541	32	47	195·347	119·455	33
17	193·263	117·602	61	48	195·417	119·517	62
18	193·332	63	90	49	87	80	92
19	193·401	117·725	218·719	50	195·557	119·642	219·621
20	70	86	48	51	195·628	119·705	50
21	193·539	117·847	77	52	98	67	79
22	193·608	117·909	218·806	53	195·768	119·830	219·708
23	77	70	35	54	195·838	92	37
24	193·746	118·031	64	55	195·909	119·955	66
25	193·816	93	93	56	79	120·018	95
26	85	118·154	218·922	57	196·049	80	219·824
27	193·954	118·216	52	58	196·120	120·143	53
28	194·023	77	81	59	90	120·206	82
29	93	118·339	219·010	60	196·261	69	219·911
30	194·162	118·401	39				

$\alpha = 126°$

Min	$tg\frac{\alpha}{2}$	$sec\frac{\alpha}{2}$ —1	$\widehat{\alpha}$	Min	$tg\frac{\alpha}{2}$	$sec\frac{\alpha}{2}$ —1	$\widehat{\alpha}$
0	196·261	120·269	219·911	31	198·468	122·238	220·813
1	196·332	120·332	41	32	198·540	122·302	42
2	196·402	95	70	33	198·612	66	71
3	73	120·458	99	34	84	122·430	220·901
4	196·544	120·521	220·028	35	198·756	95	30
5	196·614	84	57	36	198·828	122·559	59
6	85	120·647	86	37	198·900	122·623	88
7	196·756	120·710	220·115	38	72	88	221·017
8	196·827	73	44	39	199·044	122·752	46
9	98	120·836	73	40	199·116	122·817	75
10	196·969	120·900	220·202	41	89	81	221·104
11	197·040	63	31	42	199·261	122·946	33
12	197·111	121·026	61	43	199·333	123·011	62
13	82	90	90	44	199·405	75	91
14	197·253	121·153	220·319	45	78	123·140	221·220
15	197·324	121·217	48	46	199·550	123·205	50
16	95	80	77	47	199·623	70	79
17	197·466	121·344	220·406	48	95	123·334	221·308
18	197·538	121·407	35	49	199·768	99	37
19	197·609	71	64	50	199·841	123·464	66
20	80	121·535	93	51	199·913	123·529	95
21	197·752	98	220·522	52	86	94	221·424
22	197·823	121·662	51	53	200·059	123·659	53
23	95	121·726	81	54	200·131	123·724	82
24	197·966	90	220·610	55	200·204	89	221·511
25	198·038	121·854	39	56	77	123·855	40
26	198·109	121·917	68	57	200·350	123·920	70
27	81	81	97	58	200·423	85	99
28	198·253	122·045	220·726	59	96	124·050	221·628
29	198·325	122·109	55	60	200·569	124·116	57
30	96	74	84				

$\alpha = 127°$

Min	$tg \frac{\alpha}{2}$	$\sec \frac{\alpha}{2} - 1$	$\widehat{\alpha}$	Min	$tg \frac{\alpha}{2}$	$\sec \frac{\alpha}{2} - 1$	$\widehat{\alpha}$
0	200·569	124·116	221·657	31	202·854	126·163	222·559
1	200·642	81	86	32	202·929	126·230	88
2	200·715	124·247	221·715	33	203·003	97	222·617
3	88	124·312	44	34	78	126·364	46
4	200·861	78	73	35	203·152	126·431	75
5	200·935	124·443	221·802	36	203·227	98	222·704
6	201·008	124·509	31	37	203·301	126·564	33
7	81	75	60	38	76	126·631	62
8	201·155	124·640	90	39	203·451	99	91
9	201·228	124·706	221·919	40	203·526	126·766	222·820
10	201·302	72	48	41	203·600	126·833	49
11	75	124·838	77	42	75	126·900	79
12	201·449	124·903	222·006	43	203·750	67	222·908
13	201·522	69	35	44	203·825	127·035	37
14	96	125·035	64	45	203·900	127·102	66
15	201·670	125·101	93	46	75	69	95
16	201·743	67	222·122	47	204·050	127·237	223·024
17	201·817	125·233	51	48	204·125	127·304	53
18	91	125·300	80	49	204·201	72	82
19	201·965	66	222·210	50	76	127·439	223·111
20	202·039	125·432	39	51	204·351	127·507	40
21	202·113	98	68	52	204·426	74	69
22	86	125·565	97	53	204·502	127·642	99
23	202·261	125·631	222·326	54	77	217·710	223·228
24	202·335	97	55	55	204·652	78	57
25	202·409	125·764	84	56	204·728	127·845	86
26	83	125·830	222·413	57	204·803	127·913	223·315
27	202·557	97	42	58	79	81	44
28	202·631	125·963	71	59	204·955	128·049	73
29	202·706	126·030	222·500	60	205·030	128·117	223·402
30	80	97	29				

$\alpha = 128°$

Min	$\operatorname{tg}\frac{\alpha}{2}$	$\sec\frac{\alpha}{2}-1$	$\widehat{\alpha}$	Min	$\operatorname{tg}\frac{\alpha}{2}$	$\sec\frac{\alpha}{2}-1$	$\widehat{\alpha}$
0	205·030	128·117	223·402	31	207·398	130·248	224·304
1	205·106	85	31	32	207·476	130·317	33
2	82	128·253	60	33	207·553	87	62
3	205·258	128·321	89	34	207·630	130·457	91
4	205·333	90	223·518	35	207·707	130·526	224·420
5	205·409	128·458	48	36	85	96	49
6	85	128·526	77	37	207·862	130·666	78
7	205·561	94	223·606	38	207·939	130·735	224·508
8	205·637	128·663	35	39	208·017	130·805	37
9	205·713	128·731	64	40	94	75	66
10	89	128·800	93	41	208·172	130·945	95
11	205·866	68	223·722	42	208·249	131·015	224·624
12	205·942	128·937	51	43	208·327	85	53
13	206·018	129·005	80	44	108·405	131·155	82
14	94	74	223·809	45	83	131·225	224·711
15	206·171	129·143	38	46	208·560	95	40
16	206·247	129·211	68	47	208·638	131·365	69
17	206·324	80	97	48	208·716	131·435	98
18	206·400	129·349	223·926	49	94	131·506	224·827
19	77	129·418	55	50	208·872	76	57
20	206·553	87	84	51	208·950	131·646	86
21	206·630	129·556	224·013	52	209·028	131·717	224·915
22	206·706	129·625	42	53	209·106	87	44
23	83	94	71	54	84	131·858	73
24	206·860	129·763	224·100	55	209·263	131·928	225·002
25	206·937	129·832	29	56	209·341	99	31
26	207·014	129·901	58	57	209·419	132·070	60
27	90	71	88	58	97	132·140	89
28	207·167	130·040	224·217	59	209·576	132·211	225·118
29	207·244	130·109	46	60	209·654	82	47
30	207·321	79	75				

$\alpha = 129°$

Min	$tg\frac{\alpha}{2}$	$sec\frac{\alpha}{2}-1$	α	Min	$tg\frac{\alpha}{2}$	$sec\frac{\alpha}{2}-1$	α
0	209·654	132·282	225·147	31	212·110	134·501	226·049
1	209·733	132·353	77	32	90	73	78
2	209·811	132·424	225·206	33	212·270	134·646	226·107
3	90	95	35	34	212·350	134·718	36
4	209·969	132·566	64	35	212·431	91	66
5	210·047	132·637	93	36	212·511	134·863	95
6	210·126	132·708	225·322	37	91	134·936	226·224
7	210·205	79	51	38	212·671	135·009	53
8	84	132·850	80	39	212·752	81	82
9	210·363	132·921	225·409	40	212·832	135·154	226·311
10	210·441	93	38	41	212·913	135·227	40
11	210·520	133·064	67	42	93	135·300	69
12	99	133·135	97	43	213·074	73	98
13	210·679	133·207	225·526	44	213·154	135·446	226·427
14	210·758	78	55	45	213·235	135·519	56
15	210·837	133·350	84	46	213·316	92	86
16	210·916	133·421	225·613	47	96	135·665	226·515
17	95	93	42	48	213·477	135·738	44
18	211·075	133·565	71	49	213·558	135·811	73
19	211·154	133·637	225·700	50	213·639	85	226·602
20	211·233	133·708	29	51	213·720	135·958	31
21	211·313	80	58	52	213·801	136·031	60
22	92	133·852	87	53	82	136·105	89
23	211·472	133·924	225·817	54	213·963	78	226·718
24	211·552	96	46	55	214·044	136·252	47
25	211·631	134·068	75	56	214·125	136·325	76
26	211·711	134·140	225·904	57	214·207	99	226·806
27	91	134·212	33	58	88	136·473	35
28	211·871	84	62	59	214·369	136·546	64
29	211·950	134·356	91	60	214·451	136·620	93
30	212·030	134·429	226·020				

$\alpha = 130°$

Min	$\mathrm{tg}\frac{\alpha}{2}$	$\sec\frac{\alpha}{2}-1$	$\widehat{\alpha}$	Min	$\mathrm{tg}\frac{\alpha}{2}$	$\sec\frac{\alpha}{2}-1$	$\widehat{\alpha}$
0	214·451	136·620	226·893	31	217·000	138·933	227·795
1	214·532	94	226·922	32	83	139·008	227·824
2	214·614	136·768	51	33	217·166	84	53
3	95	136·842	80	34	217·249	139·159	82
4	214·777	136·916	227·009	35	217·332	139·235	227·911
5	214·858	90	38	36	217·416	139·310	40
6	214·940	137·064	67	37	99	86	69
7	215·022	137·138	96	38	217·582	139·462	98
8	215·104	137·212	227·126	39	217·666	139·538	228·027
9	86	86	55	40	217·749	139·614	56
10	215·268	137·361	84	41	217·833	90	85
11	215·349	137·435	227·213	42	217·916	139·765	228·115
12	215·432	137·509	42	43	218·000	139·842	44
13	215·514	84	71	44	84	139·918	73
14	96	137·658	227·300	45	218·167	94	228·202
15	215·678	137·733	29	46	218·251	140·070	31
16	215·760	137·808	58	47	218·335	140·146	60
17	215·842	82	87	48	218·419	140·222	89
18	215·925	137·957	227·416	49	218·503	99	228·318
19	216·007	138·032	45	50	87	140·375	47
20	90	138·106	75	51	218·671	140·452	76
21	216·172	81	227·504	52	218·755	140·528	228·405
22	216·255	138·256	33	53	218·839	140·605	35
23	216·337	138·331	62	54	218·923	81	64
24	216·420	138·406	91	55	219·008	140·758	93
25	216·502	81	227·620	56	92	140·835	228·522
26	85	138·556	49	57	219·176	140·911	51
27	216·668	138·632	78	58	219·261	88	80
28	216·751	138·707	227·707	59	219·346	141·065	228·609
29	216·834	82	36	60	219·430	141·142	38
30	216·917	138·857	65				

3. Absteckung von beliebigen Bogenpunkten nach der Methode der Zuschlagwinkel.

(Für Halbmesser von R = 50 bis R = 10 000)

Hiezu muß das Winkelinstrument in einem bereits vorhandenen Punkt J des Kreisbogens aufgestellt werden. Die folgenden Zahlentafeln zeigen die zu einer gegebenen Bogenlänge gehörigen „*Umfangswinkel*“ (Peripheriewinkel = = Winkel zwischen Sehne und Tangente = der Hälfte des zugehörigen Mittelpunktswinkels 2 φ) an.

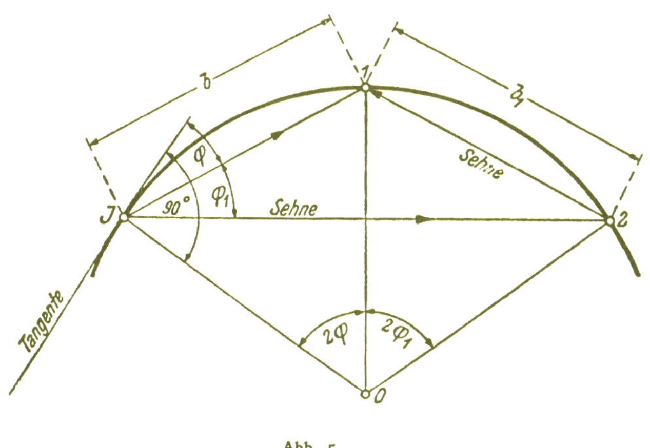

Abb. 5.

Die Entfernungen $\overline{J1}$ sind derart zu wählen, daß praktisch genommen die Bogenlänge $\widehat{J1}$ mit der Sehnenlänge $\overline{J1}$

gleichgesetzt werden kann. Die Winkel φ für *beliebig* lang gewählte Bogenlängen setzen sich aus der Summe von in den Tafeln enthaltenen Werten zusammen.

Z. B. : Für die Bogenlänge 17·63 m im Kreisbogen von R = 300 m

Bogenlänge für	10 m	57′ 18″
„	7 m	40′ 6″
„	0·6 m	3′ 26″
„	0·03*)	10″
Bogenlänge für	17·63 . φ =	1° 41′ 00″

Weiter: Die Winkel für Halbmesser R = 55 betragen das Zehnfache derer für R = 550.

Z. B. Bogenlänge für 10 m .... R = 550 .... 31′ 15″
„ 10 m .... R = 55 ....
10 × 31′ 15″ = 5° 12′ 30″

Während das Winkelinstrument am Standort J *verbleibt*, werden aufeinander folgend die *Sehnen*längen (= Bogenlängen) b, b_1 usw. gemessen und die Visuren nach Punkt 1 und Punkt 2 gemäß den *Zuschlagwinkeln* φ und φ_1 eingestellt. Die Winkelmessung ist möglichst genau durchzuführen und zu berechnen.

*) Für 0·3 . . . 1′ 43″ = 60 + 43 = 103″.
Für 0·03 . . . 10″ = 1/10 · 103.

R	50	60	70	80	90	100
b	Umfangswinkel $\varphi = 1/2$ Mittelpunktswinkel $= 1/2\ \alpha$					
	° ′ ″	° ′ ″	° ′ ″	° ′ ″	° ′ ″	° ′ ″
0·1	3 26	2 52	2 27	2 9	1 55	1 43
0·2	6 52	5 44	4 55	4 18	3 49	3 26
0·3	10 19	8 36	7 22	6 27	5 44	5 9
0·4	13 45	11 27	9 49	8 36	7 38	6 52
0·5	17 11	14 19	12 17	10 45	9 33	8 36
0·6	20 38	17 11	14 44	12 53	11 27	10 19
0·7	24 4	20 3	17 11	15 2	13 22	12 2
0·8	27 30	22 55	19 39	17 11	15 17	13 45
0·9	30 56	25 47	22 6	19 20	17 11	15 28
1	34 23	28 39	24 33	21 29	19 6	17 11
2	1 8 45	57 18	49 7	42 58	38 12	34 23
3	1 43 8	1 25 57	1 13 40	1 4 27	57 18	51 34
4	2 17 31	1 54 35	1 38 13	1 25 57	1 16 24	1 8 45
5	2 51 53	2 23 14	2 2 47	1 47 26	1 35 30	1 25 57
6	3 26 16	2 51 53	2 27 20	2 8 55	1 54 35	1 43 8
7	4 0 38	3 20 32	2 51 53	2 30 24	2 13 41	2 0 19
8	4 35 1	3 49 11	3 16 27	2 51 53	2 32 47	2 17 31
9	5 9 24	4 17 50	3 41 0	3 13 22	2 51 53	2 34 42
10	5 43 46	4 46 29	4 5 33	3 34 52	3 10 59	2 51 53
20	11 27 33	9 32 57	8 11 6	7 9 43	6 21 58	5 43 46
30	17 11 19	14 19 26	12 16 40	10 44 35	9 32 57	8 35 40
40	22 55 6	19 5 55	16 22 13	14 19 26	12 43 57	11 27 33
50	28 38 52	23 52 24	20 27 46	17 54 18	15 54 56	14 19 26
60	34 22 39	28 38 52	24 33 19	21 29 9	19 5 55	17 11 19
70	40 6 25	33 25 21	28 38 52	25 4 1	22 16 54	20 3 13
80	45 50 12	38 11 50	32 44 26	28 38 52	25 27 53	22 55 6
90	51 33 58	42 58 19	36 49 59	32 13 44	28 38 52	25 46 59
100	57 17 45	47 44 47	40 55 32	35 48 35	31 49 51	28 38 52

R	110	120	130	140	150	160
b	Umfangswinkel $\varphi = \frac{1}{2}$ Mittelpunktswinkel $= \frac{1}{2}\alpha$					
	° ′ ″	° ′ ″	° ′ ″	° ′ ″	° ′ ″	° ′ ″
0·1	1 34	1 26	1 19	1 14	1 9	1 4
0·2	3 7	2 52	2 39	2 27	2 17	2 9
0·3	4 41	4 18	3 58	3 41	3 26	3 13
0·4	6 15	5 44	5 17	4 55	4 35	4 18
0·5	7 49	7 10	6 37	6 8	5 44	5 22
0·6	9 22	8 36	7 56	7 22	6 52	6 27
0·7	10 56	10 2	9 15	8 36	8 1	7 31
0·8	12 30	11 27	10 35	9 49	9 10	8 36
0·9	14 4	12 53	11 54	11 3	10 19	9 40
1	15 38	14 19	13 13	12 17	11 27	10 45
2	31 15	28 39	26 27	24 33	22 55	21 29
3	46 53	42 58	39 40	36 50	34 23	32 14
4	1 2 30	57 18	52 53	49 7	45 50	42 58
5	1 18 8	1 11 37	1 6 7	1 1 23	57 18	53 43
6	1 33 45	1 25 57	1 19 20	1 13 40	1 8 45	1 4 27
7	1 49 23	1 40 16	1 32 33	1 25 57	1 20 13	1 15 12
8	2 5 0	1 54 35	1 45 47	1 38 13	1 31 40	1 25 57
9	2 20 38	2 8 55	1 59 0	1 50 30	1 43 8	1 36 41
10	2 36 16	2 23 14	2 12 13	2 2 47	1 54 35	1 47 26
20	5 12 31	4 46 29	4 24 26	4 5 33	3 49 11	3 34 51
30	7 48 47	7 9 43	6 36 40	6 8 20	5 43 46	5 22 17
40	10 25 3	9 32 57	8 48 53	8 11 6	7 38 22	7 9 43
50	13 1 18	11 56 12	11 1 6	10 13 53	9 32 57	8 57 9
60	15 37 34	14 19 26	13 13 20	12 16 40	11 27 33	10 44 35
70	18 13 50	16 42 41	15 25 33	14 19 26	13 22 8	12 32 0
80	20 50 5	19 5 55	17 37 46	16 22 13	15 16 44	14 19 26
90	23 26 21	21 29 9	19 49 59	18 24 59	17 11 19	16 6 52
100	26 2 37	23 52 24	22 2 13	20 27 46	19 5 55	17 54 18

R	170	180	190	200	210	220
b	Umfangswinkel φ = ½ Mittelpunktswinkel = ½ α					
	° ′ ″	° ′ ″	° ′ ″	° ′ ″	° ′ ″	° ′ ″
0·1	1 1	57	54	52	49	47
0·2	2 1	1 55	1 49	1 43	1 38	1 34
0·3	3 2	2 52	2 43	2 35	2 27	2 21
0·4	4 3	3 49	3 37	3 26	3 16	3 7
0·5	5 3	4 46	4 31	4 18	4 5	3 54
0·6	6 4	5 44	5 26	5 9	4 55	4 41
0·7	7 5	6 41	6 20	6 1	5 44	5 28
0·8	8 5	7 38	7 14	6 52	6 33	6 15
0·9	9 6	8 36	8 8	7 46	7 22	7 2
1	10 7	9 33	9 3	8 36	8 11	7 49
2	20 13	19 6	18 6	17 11	16 22	15 38
3	30 20	28 39	27 8	25 47	24 33	23 26
4	40 27	38 12	36 11	34 23	32 44	31 15
5	50 33	47 45	45 14	42 58	40 55	39 4
6	1 0 40	57 18	54 17	51 34	49 7	46 53
7	1 10 47	1 6 51	1 3 20	1 0 10	57 18	54 41
8	1 20 53	1 16 24	1 12 22	1 8 45	1 5 29	1 2 30
9	1 31 0	1 25 57	1 21 25	1 17 21	1 13 40	1 10 19
10	1 41 7	1 35 30	1 30 28	1 25 57	1 21 51	1 18 8
20	3 22 13	3 10 59	3 0 56	2 51 53	2 43 42	2 36 16
30	5 3 20	4 46 29	4 31 24	4 17 50	4 5 33	3 54 23
40	6 44 26	6 21 58	6 1 52	5 43 46	5 27 24	5 12 31
50	8 25 33	7 57 28	7 32 20	7 9 43	6 49 15	6 30 39
60	10 6 40	9 32 57	9 2 48	8 35 40	8 11 6	7 48 47
70	11 47 46	11 8 27	10 33 16	10 1 36	9 32 57	9 6 55
80	13 28 53	12 43 57	12 3 44	11 27 33	10 54 48	10 25 3
90	15 9 59	14 19 26	13 34 12	12 53 30	12 16 40	11 43 9
100	16 51 6	15 54 56	15 4 40	14 19 26	13 38 31	13 1 18

R	230	240	250	260	270	280
b	Umfangswinkel φ = ½ Mittelpunktswinkel = ½ α					
	° ′ ″	° ′ ″	° ′ ″	° ′ ″	° ′ ″	° ′ ″
0·1	45	43	41	40	38	37
0·2	1 30	1 26	1 22	1 19	1 16	1 14
0·3	2 14	2 9	2 4	1 59	1 55	1 50
0·4	2 59	2 52	2 45	2 39	2 33	2 27
0·5	3 44	3 35	3 26	3 18	3 11	3 4
0·6	4 29	4 18	4 7	3 58	3 49	3 41
0·7	5 14	5 1	4 49	4 38	4 27	4 18
0·8	5 59	5 44	5 30	5 17	5 6	4 55
0·9	6 44	6 27	6 11	5 57	5 44	5 31
1	7 28	7 10	6 52	6 37	6 22	6 8
2	14 57	14 19	13 45	13 13	12 44	12 17
3	22 25	21 29	20 38	19 50	19 6	18 25
4	29 54	28 39	27 30	26 27	25 28	24 33
5	37 22	35 49	34 23	33 3	31 50	30 42
6	44 50	42 58	41 15	39 40	38 12	36 50
7	52 19	50 8	48 8	46 17	44 34	42 58
8	59 47	57 18	55 0	52 53	50 56	49 7
9	1 7 16	1 4 27	1 1 53	59 30	57 18	55 15
10	1 14 44	1 11 37	1 8 45	1 6 7	1 3 40	1 1 23
20	2 29 28	2 23 14	2 17 31	2 12 13	2 7 19	2 2 47
30	3 44 12	3 34 51	3 26 16	3 18 20	3 10 59	3 4 10
40	4 58 56	4 46 29	4 35 1	4 24 26	4 14 39	4 5 33
50	6 13 40	5 58 6	5 43 46	5 30 33	5 18 19	5 6 56
60	7 28 24	7 9 43	6 52 32	6 36 40	6 21 58	6 8 20
70	8 43 8	8 21 20	8 1 17	7 42 46	7 25 38	7 9 43
80	9 57 52	9 32 57	9 10 2	8 48 53	8 29 18	8 11 6
90	11 12 36	10 44 35	10 18 48	9 55 0	9 32 57	9 12 30
100	12 27 20	11 56 12	11 27 33	11 1 6	10 36 37	10 13 53

R	290	300	310	320	330	340
b	Umfangswinkel $\varphi = \frac{1}{2}$ Mittelpunktswinkel $= \frac{1}{2}\alpha$					
	° ′ ″	° ′ ″	° ′ ″	° ′ ″	° ′ ″	° ′ ″
0·1	36	34	33	32	31	30
0·2	1 11	1 9	1 6	1 4	1 2	1 1
0·3	1 47	1 43	1 40	1 37	1 34	1 31
0·4	2 22	2 17	2 13	2 9	2 5	2 1
0·5	2 58	2 52	2 46	2 41	2 36	2 32
0·6	3 33	3 26	3 20	3 13	3 7	3 2
0·7	4 9	4 1	3 53	3 46	3 39	3 32
0·8	4 44	4 35	4 26	4 18	4 10	4 3
0·9	5 20	5 9	4 59	4 50	4 41	4 33
1	5 56	5 44	5 33	5 22	5 12	5 3
2	11 51	11 27	11 5	10 45	10 25	10 7
3	17 47	17 11	16 38	16 7	15 38	15 10
4	23 42	22 55	22 11	21 29	20 50	20 13
5	29 38	28 39	27 43	26 51	26 3	25 17
6	35 34	34 23	33 16	32 14	31 15	30 20
7	41 29	40 6	38 49	37 36	36 28	35 23
8	47 25	45 50	44 21	42 58	41 40	40 27
9	53 21	51 34	49 54	48 21	46 53	45 30
10	59 16	57 18	55 27	53 43	52 5	50 33
20	1 58 33	1 54 35	1 50 54	1 47 26	1 44 10	1 41 7
30	2 57 49	2 51 53	2 46 21	2 41 9	2 36 16	2 31 40
40	3 57 5	3 49 11	3 41 47	3 34 52	3 28 21	3 22 13
50	4 56 21	4 46 29	4 37 14	4 28 34	4 20 26	4 12 46
60	5 55 38	5 43 46	5 32 41	5 22 17	5 12 31	5 3 20
70	6 54 54	6 41 4	6 28 8	6 16 0	6 4 36	5 53 53
80	7 54 10	7 38 22	7 23 35	7 9 43	6 56 42	6 44 26
90	8 53 27	8 35 40	8 19 2	8 3 26	7 48 47	7 35 0
100	9 52 43	9 32 57	9 14 28	8 57 9	8 40 52	8 25 33

R	350	360	370	380	390	400
b	Umfangswinkel $\varphi = \frac{1}{2}$ Mittelpunktswinkel $= \frac{1}{2}\alpha$					
	° ′ ″	° ′ ″	° ′ ″	° ′ ″	° ′ ″	° ′ ″
0·1	29	29	28	27	26	26
0·2	59	57	56	54	53	52
0·3	1 28	1 26	1 24	1 21	1 19	1 17
0·4	1 58	1 55	1 51	1 49	1 46	1 43
0·5	2 27	2 23	2 19	2 16	2 12	2 9
0·6	2 57	2 52	2 47	2 43	2 39	2 35
0·7	3 26	3 20	3 15	3 10	3 5	3 0
0·8	3 56	3 49	3 43	3 37	3 32	3 26
0·9	4 25	4 18	4 11	4 4	3 58	3 52
1	4 55	4 46	4 39	4 31	4 24	4 18
2	9 49	9 33	9 17	9 3	8 49	8 36
3	14 44	14 19	13 56	13 34	13 13	12 53
4	19 39	19 6	18 35	18 6	17 38	17 11
5	24 33	23 52	23 14	22 37	22 2	21 29
6	29 28	28 39	27 52	27 8	26 27	25 47
7	34 23	33 25	32 31	31 40	30 51	30 5
8	39 17	38 12	37 10	36 11	35 15	34 23
9	44 12	42 58	41 49	40 43	39 40	38 40
10	49 7	47 45	46 27	45 14	44 4	42 58
20	1 38 13	1 35 30	1 32 55	1 30 28	1 28 9	1 25 57
30	2 27 20	2 23 14	2 19 22	2 15 42	2 12 13	2 8 55
40	3 16 26	3 10 59	3 5 49	3 0 56	2 56 18	2 51 53
50	4 5 33	3 58 44	3 52 17	3 46 10	3 40 22	3 34 51
60	4 54 40	4 46 29	4 38 44	4 31 24	4 24 26	4 17 50
70	5 43 46	5 34 13	5 25 11	5 16 38	5 8 31	5 0 48
80	6 32 53	6 21 58	6 11 39	6 1 52	5 52 35	5 43 46
90	7 22 0	7 9 43	6 58 6	6 47 6	6 36 40	6 26 45
100	8 11 6	7 57 28	7 44 34	7 32 20	7 20 44	7 9 43

R	410	420	430	440	450	460
b	Umfangswinkel φ = ½ Mittelpunktswinkel = ½ α					
	° ′ ″	° ′ ″	° ′ ″	° ′ ″	° ′ ″	° ′ ″
0·1	25	25	24	23	23	22
0·2	50	49	48	47	46	45
0·3	1 15	1 14	1 12	1 10	1 9	1 7
0·4	1 41	1 38	1 36	1 34	1 32	1 30
0·5	2 6	2 3	2 0	1 57	1 55	1 52
0·6	2 31	2 27	2 24	2 21	2 17	2 14
0·7	2 56	2 52	2 48	2 44	2 40	2 37
0·8	3 21	3 16	3 12	3 7	3 3	2 59
0·9	3 46	3 41	3 36	3 31	3 26	3 22
1	4 11	4 6	4 0	3 54	3 49	3 44
2	8 23	8 11	8 0	7 49	7 38	7 28
3	12 35	12 17	11 59	11 43	11 27	11 13
4	16 46	16 22	15 59	15 38	15 17	14 57
5	20 58	20 28	19 59	19 32	19 6	18 41
6	25 9	24 33	23 59	23 26	22 55	22 25
7	29 21	28 39	27 59	27 21	26 44	26 9
8	33 32	32 44	31 59	31 15	30 35	29 54
9	37 44	36 50	35 59	35 9	34 23	33 38
10	41 55	40 55	39 58	39 4	38 12	37 22
20	1 23 51	1 21 51	1 19 57	1 18 8	1 16 24	1 14 44
30	2 5 46	2 2 47	1 59 55	1 57 12	1 54 35	1 52 6
40	2 47 42	2 43 42	2 39 54	2 36 16	2 32 47	2 29 28
50	3 29 37	3 24 38	3 19 52	3 15 20	3 10 59	3 6 50
60	4 11 32	4 5 33	3 59 51	3 54 23	3 49 11	3 44 12
70	4 53 28	4 46 29	4 39 49	4 33 27	4 27 23	4 21 34
80	5 35 23	5 27 24	5 19 47	5 12 31	5 5 35	4 58 56
90	6 17 19	6 8 20	5 59 46	5 51 35	5 43 46	5 36 18
100	6 59 14	6 49 15	6 39 44	6 30 39	6 21 58	6 13 40

R	470	480	490	500	510	520
b	Umfangswinkel φ = ½ Mittelpunktswinkel = ½ α					
	° ′ ″	° ′ ″	° ′ ″	° ′ ″	° ′ ″	° ′ ″
0·1	22	21	21	21	20	20
0·2	44	43	42	41	40	40
0·3	1 6	1 4	1 3	1 2	1 1	59
0·4	1 28	1 26	1 24	1 22	1 21	1 19
0·5	1 50	1 47	1 45	1 43	1 41	1 39
0·6	2 12	2 9	2 6	2 4	2 1	1 59
0·7	2 34	2 30	2 27	2 24	2 22	2 19
0·8	2 55	2 52	2 48	2 45	2 42	2 39
0·9	3 17	3 13	3 9	3 6	3 2	2 58
1	3 39	3 35	3 30	3 26	3 22	3 18
2	7 19	7 10	7 1	6 52	6 44	6 37
3	10 58	10 45	10 31	10 19	10 7	9 55
4	14 38	14 19	14 2	13 45	13 29	13 13
5	18 17	17 54	17 32	17 11	16 51	16 32
6	21 57	21 29	21 3	20 38	20 13	19 50
7	25 36	25 4	24 33	24 4	23 35	23 8
8	29 15	28 39	28 4	27 30	26 58	26 27
9	32 55	32 14	31 34	30 56	30 20	29 45
10	36 34	35 49	35 5	34 23	33 42	33 3
20	1 13 9	1 11 37	1 10 9	1 8 45	1 7 24	1 6 7
30	1 49 43	1 47 26	1 45 14	1 43 8	1 41 7	1 39 10
40	2 26 17	2 23 14	2 20 19	2 17 31	2 14 49	2 12 13
50	3 2 51	2 59 3	2 55 24	2 51 53	2 48 31	2 45 17
60	3 39 26	3 34 52	3 30 28	3 26 16	3 22 13	3 18 20
70	4 16 0	4 10 40	4 5 33	4 0 38	3 55 55	3 51 23
80	4 52 34	4 46 29	4 40 38	4 35 1	4 29 38	4 24 26
90	5 29 9	5 22 17	5 15 43	5 9 24	5 3 20	4 57 30
100	6 5 43	5 58 6	5 50 47	5 43 46	5 37 2	5 30 33

R	53°	54°	55°	56°	57°	58°
b	Umfangswinkel $\varphi = \frac{1}{2}$ Mittelpunktswinkel $= \frac{1}{2}\alpha$					
	° ′ ″	° ′ ″	° ′ ″	° ′ ″	° ′ ″	° ′ ″
0·1	19	19	19	18	18	18
0·2	39	38	37	37	36	36
0·3	58	57	56	55	54	53
0·4	1 18	1 16	1 15	1 14	1 12	1 11
0·5	1 37	1 35	1 34	1 32	1 30	1 29
0·6	1 57	1 55	1 52	1 50	1 49	1 47
0·7	2 16	2 14	2 11	2 9	2 7	2 4
0·8	2 36	2 33	2 30	2 27	2 25	2 22
0·9	2 55	2 52	2 49	2 46	2 43	2 40
1	3 15	3 11	3 7	3 4	3 1	2 58
2	6 29	6 22	6 15	6 8	6 2	5 56
3	9 44	9 33	9 23	9 12	9 3	8 53
4	12 58	12 44	12 30	12 17	12 4	11 51
5	16 13	15 55	15 38	15 21	15 5	14 49
6	19 27	19 6	18 45	18 25	18 6	17 47
7	22 42	22 17	21 52	21 29	21 6	20 45
8	25 57	25 28	25 0	24 33	24 7	23 42
9	29 11	28 39	28 8	27 37	27 8	26 40
10	32 26	31 50	31 15	30 42	30 9	29 38
20	1 4 52	1 3 40	1 2 30	1 1 23	1 0 19	59 16
30	1 37 18	1 35 30	1 33 45	1 32 5	1 30 28	1 28 54
40	2 9 44	2 7 19	2 5 0	2 2 47	2 0 37	1 58 33
50	2 42 9	2 39 9	2 36 16	2 33 28	2 30 47	2 28 11
60	3 14 35	3 10 59	3 7 31	3 4 10	3 0 56	2 57 49
70	3 47 1	3 42 49	3 38 46	3 34 51	3 31 5	3 27 27
80	4 19 27	4 14 39	4 10 1	4 5 33	4 1 15	3 57 5
90	4 51 53	4 46 29	4 41 16	4 36 15	4 31 24	4 26 43
100	5 24 19	5 18 19	5 12 31	5 6 56	5 1 33	4 56 21

R	590	600	610	620	630	640
b	Umfangswinkel φ = ½ Mittelpunktswinkel = ½ α					
	° ′ ″	° ′ ″	° ′ ″	° ′ ″	° ′ ″	° ′ ″
0·1	17	17	17	17	16	16
0·2	35	34	34	33	33	32
0·3	52	52	51	50	49	48
0·4	1 10	1 9	1 8	1 6	1 5	1 4
0·5	1 27	1 26	1 24	1 23	1 22	1 21
0·6	1 45	1 43	1 41	1 40	1 38	1 37
0·7	2 2	2 0	1 58	1 56	1 55	1 53
0·8	2 20	2 17	2 15	2 13	2 11	2 9
0·9	2 37	2 35	2 32	2 30	2 27	2 25
1	2 55	2 52	2 49	2 46	2 44	2 41
2	5 50	5 44	5 38	5 33	5 27	5 22
3	8 44	8 36	8 27	8 19	8 11	8 3
4	11 39	11 27	11 16	11 5	10 55	10 45
5	14 34	14 19	14 5	13 52	13 38	13 26
6	17 29	17 11	16 54	16 38	16 22	16 7
7	20 24	20 3	19 43	19 24	19 6	18 48
8	23 18	22 55	22 33	22 11	21 50	21 29
9	26 13	25 47	25 22	24 57	24 33	24 10
10	29 8	28 39	28 11	27 43	27 17	26 51
20	58 16	57 18	56 21	55 27	54 34	53 43
30	1 27 24	1 25 57	1 24 32	1 23 10	1 21 51	1 20 34
40	1 56 32	1 54 35	1 52 43	1 50 54	1 49 8	1 47 26
50	2 25 42	2 23 14	2 20 53	2 18 37	2 16 25	2 14 17
60	2 54 48	2 51 53	2 49 4	2 46 20	2 43 42	2 41 9
70	3 23 56	3 20 32	3 17 15	3 14 4	3 10 59	3 8 0
80	3 53 4	3 49 11	3 45 25	3 41 47	3 38 16	3 34 52
90	4 22 12	4 17 50	4 13 36	4 9 31	4 5 33	4 1 43
100	4 51 20	4 46 29	4 41 47	4 37 14	4 32 50	4 28 34

R	650	660	670	680	690	700
b	Umfangswinkel φ = ½ Mittelpunktswinkel = ½ α					
	° ′ ″	° ′ ″	° ′ ″	° ′ ″	° ′ ″	° ′ ″
0·1	16	16	15	15	15	15
0·2	32	31	31	30	30	29
0·3	48	47	46	45	45	44
0·4	1 3	1 2	1 2	1 1	1 0	59
0·5	1 19	1 18	1 17	1 16	1 15	1 14
0·6	1 35	1 34	1 32	1 31	1 30	1 28
0·7	1 51	1 49	1 48	1 46	1 45	1 43
0·8	2 7	2 5	2 3	2 1	2 0	1 58
0·9	2 23	2 21	2 18	2 16	2 14	2 13
1	2 39	2 36	2 34	2 32	2 29	2 27
2	5 17	5 12	5 8	5 3	4 59	4 55
3	7 56	7 49	7 42	7 35	7 28	7 22
4	10 35	10 25	10 16	10 7	9 58	9 49
5	13 13	13 1	12 50	12 38	12 27	12 17
6	15 52	15 38	15 24	15 10	14 57	14 44
7	18 31	18 14	17 57	17 42	17 26	17 11
8	21 9	20 50	20 31	20 13	19 56	19 39
9	23 48	23 26	23 5	22 45	22 25	22 6
10	26 27	26 3	25 39	25 17	24 55	24 33
20	52 53	52 5	51 19	50 33	49 49	49 7
30	1 19 20	1 18 8	1 16 58	1 15 50	1 14 44	1 3 40
40	1 45 47	1 44 10	1 42 37	1 41 7	1 39 39	1 38 13
50	2 12 13	2 10 13	2 8 16	2 6 23	2 4 33	2 2 47
60	2 38 40	2 36 16	2 33 56	2 31 40	2 29 28	2 27 20
70	3 5 7	3 2 18	2 59 35	2 56 57	2 54 23	2 51 43
80	3 31 33	3 28 21	3 25 14	3 22 13	3 19 17	3 16 26
90	3 58 0	3 54 23	3 50 54	3 47 30	3 44 12	3 41 0
100	4 24 26	4 20 26	4 16 33	4 12 46	4 9 7	4 5 33

R	710	720	730	740	750	760
b	Umfangswinkel $\varphi = \frac{1}{2}$ Mittelpunktswinkel $= \frac{1}{2}\alpha$					
	° ′ ″	° ′ ″	° ′ ″	° ′ ″	° ′ ″	° ′ ″
0·1	14	14	14	14	14	14
0·2	29	29	28	28	27	27
0·3	44	43	42	42	41	41
0·4	58	57	56	56	55	54
0·5	1 13	1 12	1 11	1 10	1 9	1 8
0·6	1 27	1 26	1 25	1 24	1 22	1 21
0·7	1 42	1 40	1 39	1 38	1 36	1 35
0·8	1 56	1 55	1 53	1 51	1 50	1 49
0·9	2 11	2 9	2 7	2 5	2 4	2 2
1	2 52	2 23	2 21	2 19	2 17	2 16
2	4 50	4 46	4 23	4 39	4 35	4 31
3	7 16	7 10	7 4	6 58	6 52	6 47
4	9 41	9 33	9 25	9 17	9 10	9 3
5	12 6	11 56	11 46	11 37	11 27	11 18
6	14 31	14 19	14 8	13 56	13 45	13 34
7	16 57	16 43	16 29	16 16	16 3	15 50
8	19 22	19 6	18 50	18 35	18 20	18 6
9	21 47	21 29	21 11	20 54	20 38	20 21
10	24 13	23 52	23 33	23 14	22 55	22 37
20	48 25	47 45	47 5	46 27	45 50	45 14
30	1 12 38	1 11 37	1 10 39	1 9 41	1 8 45	1 7 51
40	1 36 50	1 35 30	1 34 11	1 32 55	1 31 40	1 30 28
50	2 1 3	1 59 22	1 57 44	1 56 8	1 54 35	1 53 5
60	2 25 15	2 23 14	2 21 17	2 19 22	2 17 31	2 15 42
70	2 49 28	2 47 7	2 44 49	2 42 36	2 40 26	2 38 19
80	3 13 40	3 10 59	3 8 22	3 5 49	3 3 21	3 0 56
90	3 37 53	3 34 51	3 31 55	3 29 3	3 26 16	3 23 33
100	4 2 6	3 58 45	3 55 28	3 52 17	3 49 11	3 46 10

R	770	780	790	800	810	820
b	Umfangswinkel φ = ½ Mittelpunktswinkel = ½ α					
	° ′ ″	° ′ ″	° ′ ″	° ′ ″	° ′ ″	° ′ ″
0·1	13	13	13	13	13	13
0·2	27	26	26	26	25	25
0·3	40	40	39	39	38	38
0·4	54	53	52	52	51	50
0·5	1 7	1 6	1 5	1 4	1 4	1 3
0·6	1 20	1 19	1 18	1 17	1 16	1 15
0·7	1 34	1 32	1 31	1 30	1 29	1 28
0·8	1 47	1 46	1 44	1 43	1 42	1 41
0·9	2 0	1 59	1 57	1 56	1 55	1 53
1	2 14	2 12	2 10	2 9	2 7	2 6
2	4 28	4 24	4 21	4 18	4 15	4 11
3	6 42	6 37	6 32	6 27	6 22	6 17
4	8 56	8 49	8 42	8 36	8 29	8 23
5	11 10	11 1	10 53	10 45	10 37	10 29
6	13 24	13 13	13 3	12 53	12 44	12 35
7	15 38	15 25	15 14	15 2	14 51	14 41
8	17 51	17 38	17 24	17 11	16 59	16 46
9	20 5	19 50	19 35	19 20	19 6	18 52
10	22 19	22 2	21 45	21 29	21 13	20 58
20	44 39	44 4	43 31	42 58	42 26	41 55
30	1 6 58	1 6 7	1 5 16	1 4 27	1 3 40	1 2 53
40	1 29 17	1 28 9	1 27 2	1 25 57	1 24 53	1 23 51
50	1 51 37	1 50 11	1 48 47	1 47 26	1 46 6	1 44 49
60	2 13 56	2 12 13	2 10 33	2 8 55	2 7 19	2 5 46
70	2 36 16	2 34 15	2 32 18	2 30 24	2 28 33	2 26 44
80	2 58 35	2 56 18	2 54 5	2 51 53	2 49 46	2 47 42
90	3 20 54	3 18 20	3 15 49	3 13 22	3 10 59	3 8 39
100	3 43 14	3 40 22	3 37 35	3 34 51	3 32 12	3 29 37

R	830	840	850	860	870	880
b	Umfangswinkel $\varphi = \frac{1}{2}$ Mittelpunktswinkel $= \frac{1}{2}\alpha$					
	° ′ ″	° ′ ″	° ′ ″	° ′ ″	° ′ ″	° ′ ″
0·1	12	12	12	12	12	12
0·2	25	25	24	24	24	23
0·3	37	37	36	36	36	35
0·4	50	49	48	48	47	47
0·5	1 2	1 1	1 1	1 0	59	59
0·6	1 14	1 14	1 13	1 12	1 11	1 10
0·7	1 27	1 26	1 25	1 24	1 23	1 22
0·8	1 39	1 38	1 37	1 36	1 35	1 34
0·9	1 52	1 50	1 49	1 48	1 47	1 45
1	2 4	2 3	2 1	2 0	1 58	1 57
2	4 8	4 6	4 3	4 0	3 57	3 54
3	6 13	6 8	6 4	6 0	5 56	5 52
4	8 17	8 11	8 5	8 0	7 54	7 49
5	10 21	10 14	10 7	10 0	9 53	9 46
6	12 25	12 17	12 8	11 59	11 51	11 43
7	14 30	14 19	14 9	13 59	13 50	13 40
8	16 34	16 22	16 11	15 59	15 48	15 38
9	18 38	18 25	18 12	17 59	17 47	17 35
10	20 43	20 28	20 13	19 59	19 45	19 32
20	41 25	40 55	40 27	39 58	39 31	39 4
30	1 2 8	1 1 23	1 0 40	59 58	59 16	58 36
40	1 22 50	1 21 51	1 20 53	1 19 57	1 19 2	1 18 8
50	1 43 33	1 42 19	1 41 7	1 39 56	1 38 47	1 37 40
60	2 4 15	2 2 47	2 1 20	1 59 55	1 58 33	1 57 12
70	2 24 58	2 23 14	2 21 33	2 19 54	2 18 18	2 16 44
80	2 45 40	2 43 42	2 41 47	2 39 54	2 38 3	2 36 16
90	3 6 23	3 4 10	3 2 0	2 59 53	2 57 49	2 55 48
100	3 27 6	3 24 38	3 22 13	3 19 52	3 17 34	3 15 20

R	89°	90°	91°	92°	93°	94°
b	Umfangswinkel φ = ½ Mittelpunktswinkel = ½ α					
	° ′ ″	° ′ ″	° ′ ″	° ′ ″	° ′ ″	° ′ ″
0·1	12	11	11	11	11	11
0·2	23	23	23	22	22	22
0·3	35	34	34	34	33	33
0·4	46	46	45	45	44	44
0·5	58	57	57	56	55	55
0·6	1 9	1 9	1 8	1 7	1 6	1 6
0·7	1 21	1 20	1 19	1 18	1 18	1 17
0·8	1 33	1 32	1 31	1 30	1 29	1 28
0·9	1 44	1 43	1 42	1 41	1 40	1 39
1	1 56	1 55	1 53	1 52	1 51	1 50
2	3 52	3 49	3 47	3 44	3 42	3 39
3	5 48	5 44	5 40	5 36	5 33	5 29
4	7 43	7 38	7 33	7 28	7 24	7 19
5	9 39	9 33	9 27	9 20	9 14	9 9
6	11 35	11 27	11 20	11 13	11 5	10 58
7	13 31	13 22	13 13	13 5	12 56	12 48
8	15 27	15 17	15 7	14 57	14 47	14 38
9	17 23	17 11	17 0	16 49	16 38	16 27
10	19 19	19 6	18 53	18 41	18 29	18 17
20	38 38	38 12	37 47	37 22	36 58	36 34
30	57 56	57 18	56 40	56 3	55 27	54 51
40	1 17 15	1 16 24	1 15 34	1 14 44	1 13 56	1 13 9
50	1 36 34	1 35 30	1 34 27	1 33 25	1 32 25	1 31 26
60	1 55 53	1 54 35	1 53 20	1 52 6	1 50 54	1 49 43
70	2 15 11	2 13 41	2 12 13	2 10 47	2 9 23	2 8 0
80	2 34 30	2 32 47	2 31 7	2 29 28	2 27 52	2 26 17
90	2 53 49	2 51 53	2 50 0	2 48 9	2 46 20	2 44 34
100	3 13 8	3 10 59	3 8 53	3 6 50	3 4 49	3 2 51

R	950	960	970	980	990	1000
b	Umfangswinkel φ = ½ Mittelpunktswinkel = ½ α					
	° ′ ″	° ′ ″	° ′ ″	° ′ ″	° ′ ″	° ′ ″
0·1	11	11	11	10	10	10
0·2	22	21	21	21	21	21
0·3	33	32	32	32	31	31
0·4	43	43	42	42	42	41
0·5	54	54	53	53	52	52
0·6	1 5	1 4	1 4	1 3	1 2	1 2
0·7	1 16	1 15	1 14	1 14	1 13	1 12
0·8	1 27	1 26	1 25	1 24	1 23	1 22
0·9	1 38	1 37	1 36	1 35	1 34	1 33
1	1 48	1 47	1 46	1 45	1 44	1 43
2	3 37	3 35	3 33	3 30	3 28	3 26
3	5 26	5 22	5 19	5 16	5 12	5 9
4	7 14	7 9	7 5	7 1	6 57	6 52
5	9 3	8 57	8 52	8 46	8 41	8 36
6	10 51	10 45	10 38	10 31	10 25	10 19
7	12 40	12 32	12 24	12 17	12 9	12 2
8	14 28	14 19	14 11	14 2	13 53	13 45
9	16 17	16 7	15 57	15 47	15 38	15 28
10	18 6	17 54	17 43	17 32	17 22	17 11
20	36 11	35 49	35 26	35 5	34 43	34 23
30	54 17	53 43	53 10	52 37	52 5	51 34
40	1 12 22	1 11 37	1 10 53	1 10 9	1 9 27	1 8 45
50	1 30 28	1 29 31	1 28 36	1 27 42	1 26 49	1 25 57
60	1 48 34	1 47 26	1 46 19	1 45 14	1 44 10	1 43 8
70	2 6 39	2 5 20	2 4 2	2 2 47	2 1 32	2 0 19
80	2 24 45	2 23 14	2 21 46	2 20 19	2 18 54	2 17 31
90	2 42 50	2 41 9	2 39 29	2 37 51	2 36 16	2 34 42
100	3 0 56	2 59 3	2 57 12	2 55 24	2 53 37	2 51 53

R	1100	1200	1300	1400	1500	1600
b	Umfangswinkel φ = ½ Mittelpunktswinkel = ½ α					
	° ′ ″	° ′ ″	° ′ ″	° ′ ″	° ′ ″	° ′ ″
0·1	9	9	8	7	7	6
0·2	19	17	16	15	14	13
0·3	28	26	24	22	21	19
0·4	37	34	32	29	27	26
0·5	47	43	40	37	34	32
0·6	56	52	48	44	41	39
0·7	1 6	1 0	55	52	48	45
0·8	1 15	1 9	1 3	59	55	52
0·9	1 24	1 17	1 11	1 6	1 2	58
1	1 34	1 26	1 19	1 14	1 9	1 4
2	3 7	2 52	2 39	2 27	2 17	2 9
3	4 41	4 18	3 58	3 41	3 26	3 13
4	6 15	5 44	5 17	4 55	4 35	4 18
5	7 49	7 10	6 37	6 8	5 44	5 22
6	9 22	8 36	7 56	7 22	6 52	6 27
7	10 56	10 2	9 15	8 36	8 1	7 31
8	12 30	11 27	10 35	9 49	9 10	8 36
9	14 4	12 53	11 54	11 3	10 19	9 40
10	15 38	14 19	13 13	12 17	11 27	10 45
20	31 15	28 39	26 27	24 33	22 55	21 29
30	46 53	42 58	39 40	36 50	34 23	32 14
40	1 2 30	57 18	52 53	49 7	45 50	42 58
50	1 18 8	1 11 37	1 6 7	1 1 23	57 18	53 43
60	1 33 45	1 25 57	1 19 20	1 13 40	1 8 45	1 4 27
70	1 49 23	1 40 16	1 32 33	1 25 57	1 20 13	1 15 12
80	2 5 0	1 54 35	1 45 47	1 38 13	1 31 40	1 25 57
90	2 20 38	2 8 55	1 59 0	1 50 30	1 43 8	1 36 41
100	2 36 16	2 23 14	2 12 13	2 2 47	1 54 35	1 47 26

R	1700	1800	1900	2000	2500	3000
b	Umfangswinkel φ = ½ Mittelpunktswinkel = ½ α					
	° ′ ″	° ′ ″	° ′ ″	° ′ ″	° ′ ″	° ′ ″
0·1	6	6	5	5	4	3
0·2	12	11	11	10	8	7
0·3	18	17	16	15	12	10
0·4	24	23	22	21	16	14
0·5	30	29	27	26	21	17
0·6	36	34	33	31	25	21
0·7	42	40	38	36	29	24
0·8	48	46	43	41	33	27
0·9	55	52	49	46	37	31
1	1 1	57	54	52	41	34
2	2 1	1 55	1 48	1 43	1 22	1 9
3	3 2	2 52	2 43	2 35	2 4	1 43
4	4 3	3 49	3 37	3 26	2 45	2 17
5	5 3	4 46	4 31	4 18	3 26	2 52
6	6 4	5 44	5 26	5 9	4 7	3 26
7	7 5	6 41	6 20	6 1	4 49	4 1
8	8 5	7 38	7 14	6 52	5 30	4 35
9	9 6	8 36	8 8	7 44	6 11	5 9
10	10 7	9 33	9 3	8 36	6 52	5 44
20	20 13	19 6	18 6	17 11	13 45	11 27
30	30 20	28 39	27 8	25 47	20 38	17 11
40	40 27	38 12	36 11	34 23	27 30	22 55
50	50 33	47 45	45 14	42 58	34 23	28 39
60	1 0 40	57 18	54 17	51 34	41 15	34 23
70	1 10 47	1 6 51	1 3 20	1 0 10	48 8	40 6
80	1 20 53	1 16 24	1 12 22	1 8 45	55 0	45 50
90	1 31 0	1 25 57	1 21 25	1 17 21	1 1 53	51 34
100	1 41 7	1 35 30	1 30 28	1 25 57	1 8 45	57 18

R	3500	4000	4500	5000	6000	10.000
b	Umfangswinkel $\varphi = \frac{1}{2}$ Mittelpunktswinkel $= \frac{1}{2}\,\alpha$					
	° ′ ″	° ′ ″	° ′ ″	° ′ ″	° ′ ″	° ′ ″
0·1	3	3	2	2	2	1
0·2	6	5	5	4	3	2
0·3	9	8	7	6	5	3
0·4	12	10	9	8	7	4
0·5	15	13	11	10	9	5
0·6	18	15	14	12	10	6
0·7	21	18	16	14	12	7
0·8	24	21	18	16	14	8
0·9	26	23	21	19	16	9
1	29	26	23	21	17	10
2	59	52	46	41	35	21
3	1 28	1 17	1 9	1 2	52	31
4	1 58	1 43	1 32	1 22	1 10	41
5	2 27	2 9	1 55	1 43	1 26	52
6	2 57	2 35	2 17	2 4	1 43	1 2
7	3 26	3 0	2 40	2 24	2 0	1 12
8	3 56	3 26	3 3	2 45	2 18	1 23
9	4 25	3 52	3 26	3 6	2 35	1 33
10	4 55	4 18	3 49	3 26	2 52	1 43
20	9 49	8 36	7 38	6 52	5 44	3 26
30	14 44	12 53	11 27	10 19	8 36	5 9
40	19 39	17 11	15 17	13 45	11 28	6 52
50	24 33	21 29	19 6	17 11	14 19	8 36
60	29 28	25 47	22 55	20 38	17 11	10 19
70	34 23	30 5	26 44	24 4	20 3	12 1
80	39 17	34 23	30 33	27 30	22 55	13 45
90	44 12	38 40	34 23	30 56	25 47	15 28
100	49 7	42 58	38 12	34 23	28 39	17 11

4. Abstecken von Senkrechten (Normalen) auf die Bahnachse.

Die senkrechte Richtung auf die Bahnachse in einem beliebigen Zwischenpunkt der abgesteckten Linie (z. B. für die Achse eines Durchlasses) ergibt sich:

a) In der Geraden

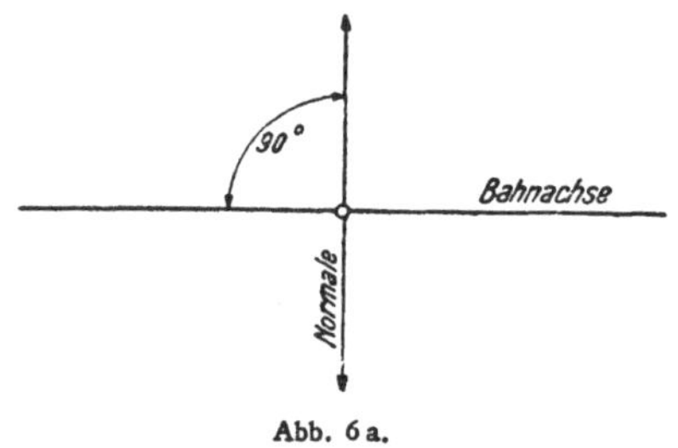

Abb. 6a.

b) Im reinen Kreisbogen:

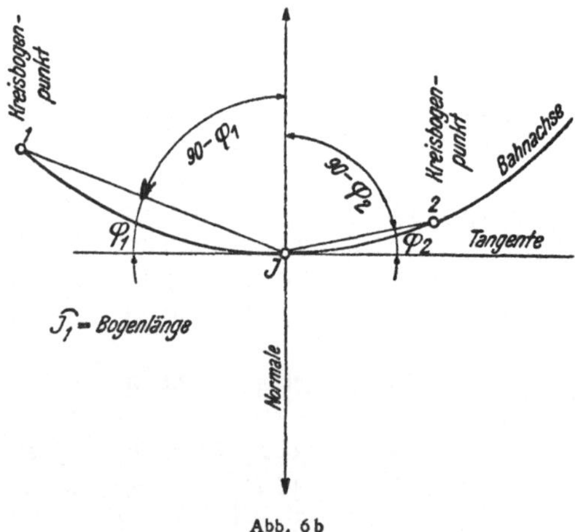

Abb. 6b

Da aus vorstehenden Tafeln die einer gegebenen Bogenlänge b_1 oder b_2 entsprechenden Umfangswinkel (= Sehnen-Tangenten-Winkel) entnommen werden können, läßt sich bei Aufstellung des Winkelinstrumentes in J und Visur nach einem vorhandenen Bogenpunkt 1 oder 2 (hierzu sind am besten die Bogen-*Haupt*punkte nach Abschnitt 2) geeignet) die Normale mittelst des Winkels $90 - \varphi_1$ geben.

c) Im Übergangsbogen:

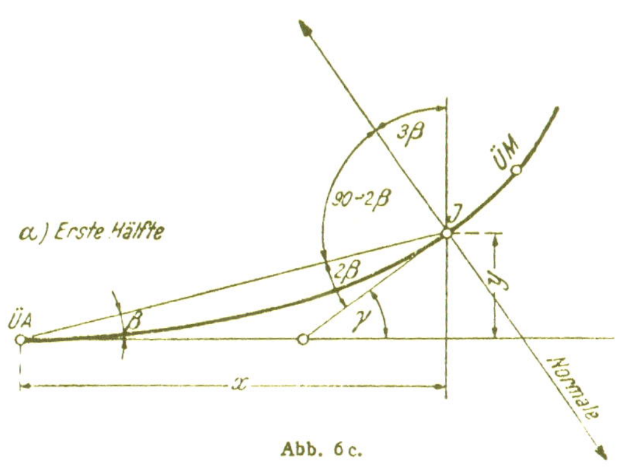

Abb. 6c.

$$y = \frac{x^3}{6\,K}, \quad tg\,\gamma = \frac{dy}{dx} = \frac{x^2}{2\,K}$$

$$tg\,\beta = \frac{y}{x} = \frac{x^3}{x.6\,K} = \frac{x^2}{6\,K} = {}^1/_3\,tg\,\gamma$$

$$\widehat{\gamma} = 3\,\widehat{\beta}$$

Die Normale ist $(90 - 2\,\beta)$ gegen die Visur nach ÜA gerichtet, oder sie ist um $3\,\beta$ gegen die Normale auf die Bezugslinie (Gerade) geneigt.

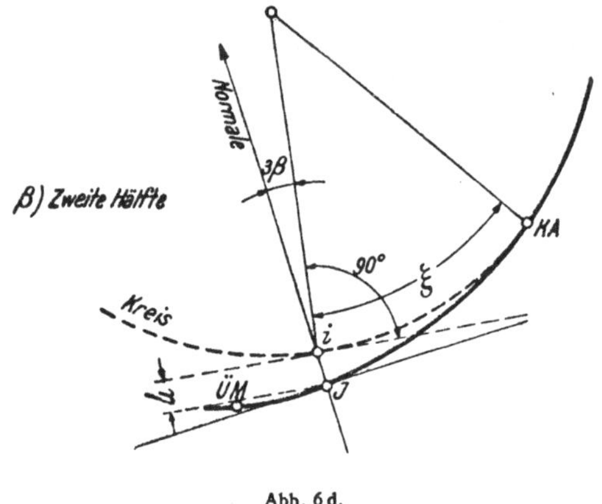

Abb. 6 d.

Letztere Eigenschaft kann man auch in der zweiten Hälfte der Übergangskurve, wo dieselbe aus dem Kreisbogen abgeleitet ist, verwenden:

$$\operatorname{tg}\beta \doteq \beta = \frac{\eta}{\xi}$$

$$\eta = \frac{\xi^3}{6\,K}$$

Man wird daher zunächst die Normale im Fußpunkt i auf die Kreislinie gemäß Abb. 6b bestimmen und diese Richtung noch um $3\,\beta$ — der geringeren Krümmung entsprechend — abändern. Da Punkt i sehr nahe dem Punkt J liegt, wird dieser Richtungsstrahl auch durch den Punkt J laufen.

Beispiel:

Es sei gegeben:

$$K = 12.000, \quad R = 300\,\mathrm{m}, \quad \xi = 15{\cdot}32\,\mathrm{m}$$

Aus Seite 165:

Für $x = 15{\cdot}32\,\mathrm{m} \;.\;.\;.\; y = 4{\cdot}7 + 0{\cdot}3 = 5{\cdot}0\,\mathrm{cm}$

$$\mathrm{tg}\,\beta \doteq \beta = \frac{y}{x} = \frac{\eta}{\xi} = 5{\cdot}00 : 1532 = 0{\cdot}00326$$

Da auf Seite 8 bis 138 die Werte für

$$100\,\mathrm{tg}\,\frac{\alpha}{2}$$

enthalten sind, so findet man auf Seite 8

$$100\,\beta = 0{\cdot}326 = \mathrm{tg}\,\frac{\alpha}{2}$$

Daher

$$\alpha = 0^\circ\,22'$$

$$\beta = \frac{\alpha}{2} = 0^\circ\,11'$$

$$3\,\beta = 0^\circ\,33'$$

Es ist daher die zum *Kreis*-Mittelpunkt zielende Richtung noch um $3\,\beta = 33'$ gegen ÜM zu verdrehen.

5. Abszissen und Ordinaten der Übergangsbogen.

Für die Kennziffern:

2.400, 3.000, 3.600, 4.800, 6.000,
12.000, 18.000, 24.000, 30.000, 36.000.

$$y = \frac{x^3}{6\,K},\ y = \frac{x^3}{6\,.\,1000} \cdot \frac{1000}{K}$$

$$y^{cm} = \frac{x^3}{60} \cdot \frac{1000}{K} \quad \ldots\ldots \text{x in m}$$

Ordinaten y in cm

$x^{\text{in m}}$	K = 2400	3000	3600	4800	6000
1	0·0	0·0	0·0	0·0	0·0
2	0·1	0·1	0·1	0·0	0·0
3	0·2	0·2	0·2	0·1	0·1
4	0·5	0·4	0·3	0·2	0·2
5	0·8	0·7	0·6	0·4	0·4
6	1·5	1·2	1·0	0·8	0·7
7	2·4	1·9	1·6	1·2	1·0
8	3·5	2·8	2·4	1·8	1·4
9	5·1	4·0	3·4	2·5	2·0
10	6·9	5·6	4·6	3·5	2·8
11	9·2	7·4	6·1	4·6	3·6
12	12·0	9·6	8·0	6·0	4·8
13	15·2	12·2	10·1	7·6	6·2
14	18·7	15·2	12·7	9·5	7·6
15	23·4	18·7	15·6	11·7	9·4
16	28·4	22·7	19·0	14·2	11·4
17	34·1	27·3	22·7	17·0	13·6
18	40·4	32·4	27·0	20·2	16·2
19	47·6	38·1	31·7	23·8	19·0
20	55·5	44·4	37·0	27·7	22·2
$\frac{1000}{K}$	0·417	0·333	0·277	0·208	0·167

Ordinaten y in cm

x in m	K = 12.000	18.000	24.000	30.000	36.000
1	0·0	0·0	0·0	0·0	0·0
2	0·0	0·0	0·0	0·0	0·0
3	0·0	0·0	0·0	0·0	0·0
4	0·1	0·0	0·0	0·0	0·0
5	0·2	0·1	0·1	0·1	0·1
6	0·3	0·2	0·1	0·1	0·1
7	0·5	0·3	0·3	0·2	0·2
8	0·7	0·5	0·4	0·3	0·2
9	1·0	0·7	0·5	0·4	0·3
10	1·4	1·0	0·7	0·6	0·5
11	1·8	1·2	0·9	0·7	0·6
12	2·4	1·8	1·2	1·0	0·8
13	3·1	2·0	1·6	1·2	1·0
14	3·8	2·5	1·9	1·5	1·3
15	4·7	3·1	2·4	1·9	1·6
16	5·7	3·8	2·8	2·3	1·9
17	6·8	4·5	3·4	2·7	2·3
18	8·1	5·3	4·1	3·2	2·7
19	9·5	6·3	4·8	3·8	3·2
20	11·1	7·3	5·6	4·4	3·7
21	12·9	8·5	6·5	5·1	4·3
22	14·8	9·8	7·4	5·9	4·9
23	16·9	11·1	8·5	6·7	5·6
24	19·2	12·7	9·6	7·7	6·4
25	21·7	14·3	10·8	8·7	7·2
26	24·4	16·1	12·2	9·8	8·1
27	27·3	18·0	14·7	10·9	9·1
28	30·5	20·1	15·3	12·2	10·2
29	33·9	22·4	16·9	13·5	11·3
30	37·5	24·8	18·7	15·0	12·5
$\frac{1000}{K}$	0·083	0·055	0·042	0·033	0·028

6. Abszissen und Ordinaten des Übergangsbogens im Straßenbau.

Zahlentafel 1

R	l	K = R . l	△R in cm	1000 : K
1	2	3	4	5
25	20·00	500	66·7	2·000
30	22·00	660	67·3	1·515
40	26·00	1040	70·4	0·961
50	28·00	1400	65·2	0·714
60	30·00	1800	62·5	0·555
80	34·00	2720	60·2	0·368
100	36·00	3600	54·0	0·278
120	38·00	4560	50·1	0·219
150	40·00	6000	44·4	0·167
160	42·00	6720	46·0	0·149
180	44·00	7920	44·8	0·126
200	46·00	9200	44·0	0·109
250	48·00	12000	38·4	0·083
300	40·00	12000	22·2	0·083
400	30·00	12000	9·3	0·083
500	24·00	12000	4·8	0·083
600	20·00	12000	2·8	0·083

$$y = \frac{x^3}{6\,K}\,, \quad K = R\,.\,l\,, \quad y^{\text{cm}} = \frac{100\,x^3\,.\,1000}{6000\,.\,K} = \frac{x^3}{60}\cdot\frac{1000}{K}\,,$$

$$y_{1/2} = \frac{l^2}{48\,K}\,, \quad \Delta R = 2\,y_{1/2}\,, \quad \Delta R = \frac{l^2}{24\,R}$$

Bemerkungen:

Zahlentafel 1 enthält die Längen (l) und Kennziffern (K) für die Übergänge zu den Rundmaßen R = 25—600 m. Für R > 600 m werden keine Übergangsbogen eingeschaltet.

Zahlentafel 2

x in m	$x^3 : 60$	x in m	$x^3 : 60$
6	7	6	7
5	2·08	18	97·20
6	3·60	19	114·32
7	5·72	20	133·33
8	8·53	21	154·35
9	12·15	22	177·47
10	16·67	23	202·68
11	22·18	24	230·40
12	28·80	25	260·42
13	36·62	26	292·93
14	45·73	27	328·05
15	56·25	28	365·86
16	68·27	29	406·48
17	81·88	30	450·00